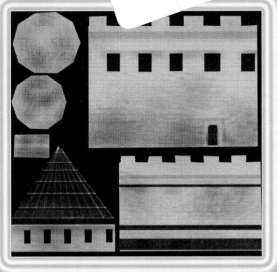

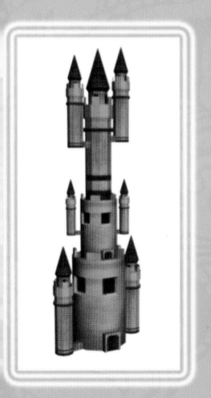

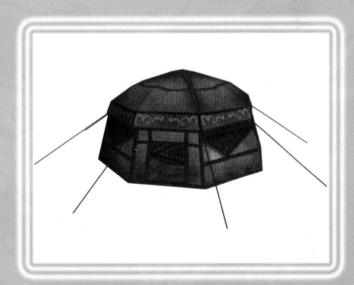

21 世纪职业教育规划教材——游戏·动画系列

3ds max 游戏动画场景制作教程

陈 妍 等编著

中国水利水电出版社
www.waterpub.com.cn

内 容 提 要

　　3D 游戏动画场景制作是游戏动画制作中重要的组成部分。本书以 3ds max 为工具，由浅入深、内容详细地介绍了 3ds max 制作游戏动画场景的方法和理念。通过对游戏场景模型的制作、展开贴图、绘制贴图、设置材质、简单动画制作进行系统地讲解，使学生掌握游戏中场景的制作流程和方法。

　　本书是专为职业院校游戏动画专业编写的教材，是 3D 游戏动画制作的提高部分，适合对 3ds max 游戏动画制作有一定基础的学生参考学习使用。

　　本书提供素材和源文件，读者可以从中国水利水电出版社网站和万水书苑免费下载，网址为：http://www.waterpub.com.cn/softdown/和 http://www.wsbookshow.com。

图书在版编目（ＣＩＰ）数据

3ds max游戏动画场景制作教程 / 陈妍等编著. --
北京 ： 中国水利水电出版社，2010.1
　　21世纪职业教育规划教材. 游戏·动画系列
　　ISBN 978-7-5084-7019-1

　　Ⅰ．①3… Ⅱ．①陈… Ⅲ．①三维－动画－图形软件
，3ds max－职业教育－教材②游戏－图形软件，3ds
max－职业教育－教材 Ⅳ．①TP391.41

　　中国版本图书馆CIP数据核字(2009)第217378号

策划编辑：石永峰　责任编辑：李 炎　加工编辑：刘晶平　封面设计：李 佳

书　　名	21世纪职业教育规划教材——游戏·动画系列 **3ds max 游戏动画场景制作教程**
作　　者	陈 妍 等编著
出版发行	中国水利水电出版社 （北京市海淀区玉渊潭南路 1 号 D 座　100038） 网址：www.waterpub.com.cn E-mail：mchannel@263.net（万水） 　　　　sales@waterpub.com.cn 电话：（010）68367658（营销中心）、82562819（万水）
经　　售	全国各地新华书店和相关出版物销售网点
排　　版	北京万水电子信息有限公司
印　　刷	北京蓝空印刷厂
规　　格	184mm×260mm　16 开本　11.5 印张　278 千字　1 彩插
版　　次	2010 年 1 月第 1 版　2010 年 1 月第 1 次印刷
印　　数	0001—3000 册
定　　价	20.00 元

凡购买我社图书，如有缺页、倒页、脱页的，本社营销中心负责调换

序

自 1998 年教育部机构改革以后，高等职业教育、成人职业教育、中等职业教育"三教统筹"，各具特色，形成了共同发展职业教育的可喜局面。根据国务院《关于大力发展职业教育的决定》（国发[2005]35 号）和周济部长 2005 年 6 月 14 日在《全国县级职业教育中心改革与发展座谈会上的讲话》精神，根据职业教育"培养生产、服务、管理第一线需要的实用人才"和推行"半工半读、工学结合，强化实践教学"等规定文件精神，结合当前我国职业教育改革发展实际情况，对我国传统的教学模式提出了挑战，以提高人才培养质量为目的、人才培养模式改革与创新为主题的专业教学改革势在必行。

职业教育的培养目标较宽泛，其上限为技术型人才，下限为技能操作型人才，而主体则为技术应用型人才。以培养技术应用能力和提高职业素质为主线，设计学生的知识、能力和素质结构是职业教育改革的重点。在职业教育改革发展的同时，出现了许多亟待解决的问题，其中最主要的是按照职业教育培养目标的要求，培养一批"双师型"的骨干教师，编写出一批有特色的基础课程和专业主干课程教材。

教材改革是职业院校教育改革的重点，是职业院校学科建设的关键，是教学改革的基础。为解决当前职业教材匮乏的现象，由中国水利水电出版社/北京万水电子信息有限公司精心策划，与全国数十所职业院校联合组织编写了这套"21 世纪职业教育规划教材"。本套教材全面贯彻国家有关职业教育改革文件精神，从策划到主编、主审的遴选，从成立专家组反复讨论教学大纲，研究系列教材特色特点到书稿的字斟句酌、实例的选取，每一步都力争精益求精，充分考虑当前职业院校学生的特点，在编写教材中，以最新的理论为指导，以实例化操作为主线，通过案例引入、知识拓宽、综合训练等环节，使学生掌握最基本的操作技能方法。

本套教材凝聚了数百名奋斗在职业教育第一线的教师多年的教学经验和智慧，教材内容选取新颖、实用，层次清晰，结构合理，文笔流畅，质量上乘。

本套教材涉及计算机、电子、数控、机械等专业的基础课和专业课课程，适合当前我国各类职业院校作为教材使用。

大力发展职业教育，加快人力资源开发，是落实科教兴国战略和人才强国战略，推进我国走新型工业化道路，解决"三农"问题，促进就业再就业的重大举措；是提高国民素质，把我国巨大人口压力转化为人力资源优势，提升我国综合国力，构建和谐社会的重要途径；是贯彻党的教育方针，遵循教育规律，实现教育事业全面协调可持续发展的必然要求。相信这套"21 世纪职业教育规划教材"的出版能为我国职业教育的教学改革和教材建设略尽绵薄之力。

金无足赤，人无完人，本套教材难免会有不足之处，恳请各位专家和读者批评指正。

21 世纪职业教育规划教材编委会

2006 年 6 月

前　　言

　　《3ds max 游戏动画场景制作教程》是专为职业院校游戏动画专业编写的教材，以 3ds max 为工具，通过循序渐进的多个实例，全面、系统地讲解了游戏场景制作的方法和理念。对游戏场景模型的制作、展开贴图、绘制贴图、设置材质、简单动画制作进行详细介绍，使学生能够真正地掌握游戏中场景的制作方法。

　　本书设计的实例包括植物、蒙古包、古城堡、木屋、下雪场景和烟花绽放的制作等，有代表性地训练游戏中制作场景必须具备的技能，通过植物实例的制作，学会根据不同的效果需求，使用不同的方法制作不同面数要求的植物和处理照片贴图的技能等；通过蒙古包实例的制作，初步学会简单场景模型的布线技巧、模型制作方法、UV 分布技巧和贴图绘制方法等；通过古城堡和木屋实例的制作，深入学习游戏场景建模特性、UV 展开技巧和不同材质效果的贴图绘制方法等；通过下雪场景和烟花绽放实例的制作，掌握粒子系统动画的制作、渲染和特效的处理方法等。

　　本书由易入难、内容详细、结构清晰，旨在帮助学生全面学习和掌握 3ds max 制作游戏动画场景的方法，适合对 3ds max 游戏动画制作有一定基础的中职学生参考学习。

　　本书由陈妍编著，在编写过程中还得到了各方人士的大力支持和帮助，感谢陈朝杰老师、姚业华老师、林罗龙老师、高艳老师、魏媛媛老师和陈嘉琳老师对我的编书给予的支持和帮助，感谢我的学生徐洋洋给予我的协助，感谢所有关心和帮助过我的朋友和学生，希望大家能够从这本书中受益。

　　本书在案例制作和全书编写过程中力求严谨，但是由于时间和精力有限，书中难免有不当或错误之处，敬请读者多提宝贵意见。

作者：陈妍

2009 年 10 月

目　　录

序

前言

第 1 章　植物的制作

知识点

- ✘ 简单树模型的制作和照片贴图的制作
- ✘ 复杂树模型的制作、UV展开和照片贴图的制作
- ✘ 使用不透明度通道处理树贴图

本章难点

- ✘ 树贴图的制作

学习目标

- ✘ 学会使用不同的方法制作植物
- ✘ 学会树木模型的制作
- ✘ 学会使用照片制作树贴图
- ✘ 学会使用不透明通道制作树

1.1 简单树模型的制作

在游戏场景中，植物对气氛的烘托会使整个场景更加真实和丰富，所以在设计场景中，要根据不同的风格来选择和搭配各种不同的植物，除了离观察者比较近的植物会用到少面数的模型制作外，一般远观的模型都是用交叉平面配合不透明贴图通道来实现。下面将学习如何用照片贴图制作远观的树。

1.1.1 制作照片贴图

步骤 1：打开 Photoshop 软件，选择适合的树的照片，如图 1-1 所示。

图 1-1　树的照片

步骤 2：由于树的照片都有背景，所以要先去掉树的背景，使用【魔术棒】工具，选择树的轮廓，然后使用反选删除背景，如图 1-2 所示。

图 1-2　删除背景

步骤 3：将修改好的树的照片文件保存为"树.png"格式文件。

注意　png 格式文件带有 Alpha 通道信息，所以就不需要再单独绘制一张黑白位图来作为不透明通道。

1.1.2　模型的制作

步骤 1：打开 3ds max 9 软件，在创建面板中单击【平面】按钮，在前视图中创建一个平面，如图 1-3 所示。

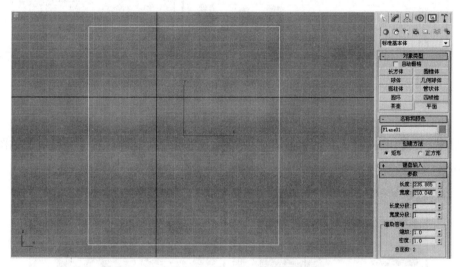

图 1-3　创建平面

步骤 2：打开【材质编辑器】，在【Blinn 基本参数】中打开【漫反射】贴图通道，选择【位图】，把上面的步骤在 Photoshop 中完成的"树.png"贴图指定到贴图通道，如图 1-4 所示。

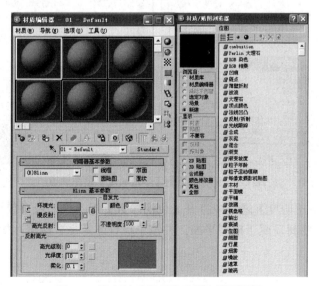

图 1-4　指定材质到【漫反射】贴图通道

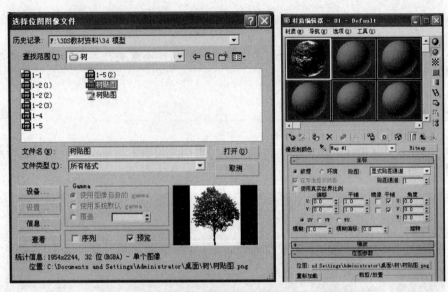

图 1-4　指定材质到【漫反射】贴图通道（续图）

步骤 3：在【Blinn 基本参数】展卷栏中选择上面已经指定材质的【漫反射】贴图通道，单击拖动贴图，将贴图也复制到指定的【不透明度】贴图通道，如图 1-5 所示。

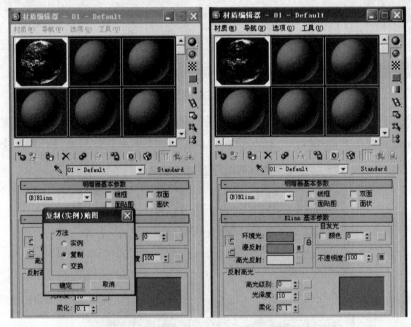

图 1-5　复制材质到【不透明度】贴图通道

步骤 4：在【不透明度】通道中打开【位图参数】展卷栏，在【单通道输出】框中选中 Alpha 单选按钮，并将材质赋予模型平面，并渲染检查图像是否镂空，如图 1-6 所示。

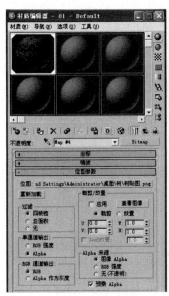

图 1-6　指定材质

步骤 5：在工具栏中打开【角度捕捉切换器】和【旋转】工具，选择贴完图的平面，按住 Shift 键沿 Z 轴每隔 45°多次进行旋转复制平面，如图 1-7 所示。

图 1-7　旋转复制平面

步骤 6：在平面物体上右击，在弹出的快捷菜单中执行【转换为】→【转换为可编辑多边形】命令，将平面转换成可编辑多边形，如图1-8所示。

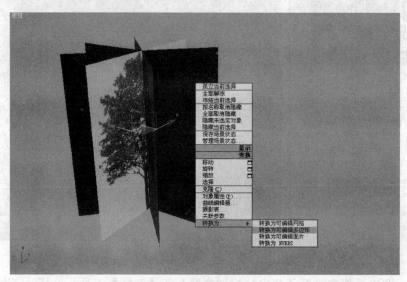

图1-8　附加完成模型

步骤 7：打开修改命令面板，在【编辑几何体】展卷栏中单击【附加】按钮，附加所有平面为一个物体，完成树的模型制作，如图1-9所示。

图1-9　附加平面

1.2 复杂树模型的制作

1.2.1 树干模型的制作

步骤 1：在创建面板中单击【圆柱体】按钮，在视图中创建圆柱体，如图 1-10 所示。

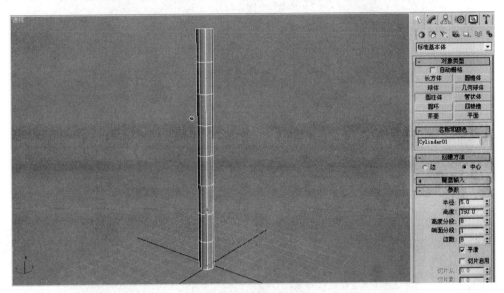

图 1-10 创建圆柱体

步骤 2：进入修改命令面板，选择【锥化】修改器，调节参数设置，制作上粗下窄的树干模型，如图 1-11 所示。

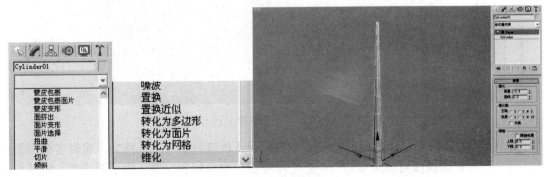

图 1-11 锥化树干

步骤 3：右击树干，在弹出的快捷菜单中执行【转换为】→【转换为可编辑多边形】命令，将树干转换成可编辑多边形，如图 1-12 所示。

步骤 4：进入修改命令面板，选择【弯曲】修改器，设置弯曲角度，制作弯曲树干，如图 1-13 所示。

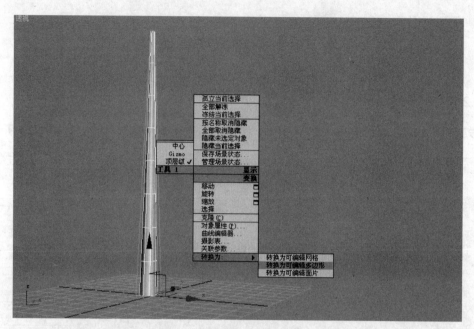

图 1-12　转换为可编辑多边形

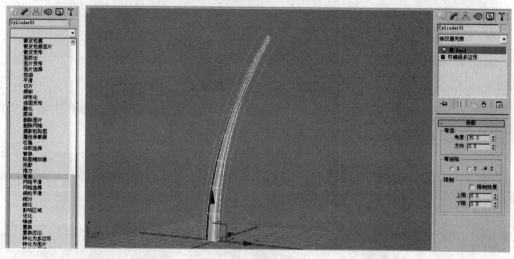

图 1-13　弯曲树干

步骤 5：右击树干，在弹出的快捷菜单中执行【转换为】→【转换为可编辑多边形】命令，将树干再次转换成可编辑多边形，并进入顶点子物体级别，调节树干的造型，如图 1-14 所示。

步骤 6：在工具栏中选择【旋转】工具，按住 Shift 键，旋转复制树干，在【克隆选项】对话框的【对象】框中选中【实例】单选按钮，如图 1-15 所示。

 注意　　在克隆对象时，应在【对象】框中选择【实例】单选按钮，只有这样设置后面操作的树干小分支才会随着树干的变化而变化。

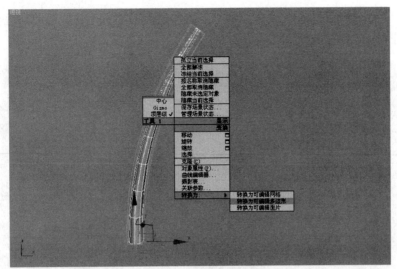

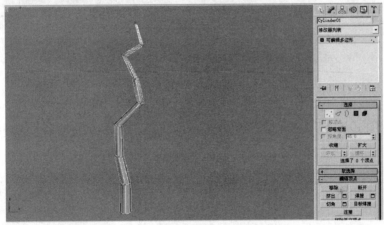

图 1-14　再次转换为可编辑多边形并调节点

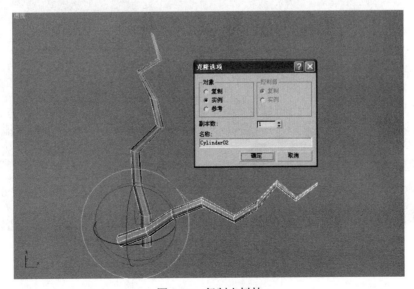

图 1-15　复制出树枝

步骤 7：然后使用【选择并均匀缩放】工具按比例缩小树干，并移动到适合的位置，制成树干的小分支，如图 1-16 所示。

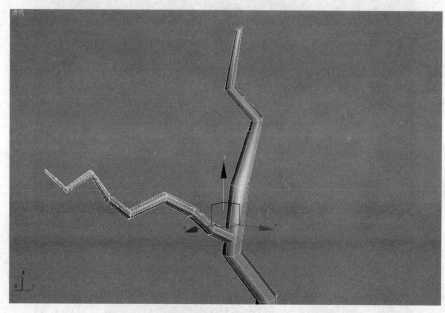

图 1-16　缩放并变换位置

步骤 8：继续步骤 7、步骤 8 的操作方法，通过使用工具栏的【移动】、【旋转】和【缩放】工具，复制出更多的树干小分支，并设置到如图 1-17 所示的位置。

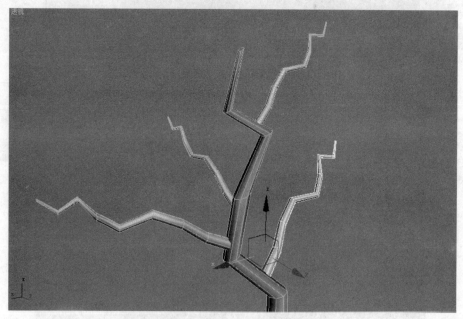

图 1-17　复制并变换位置

1.2.2　树叶模型的制作

步骤 1：在创建面板中单击【平面】按钮，在视图中创建平面，如图 1-18 所示。

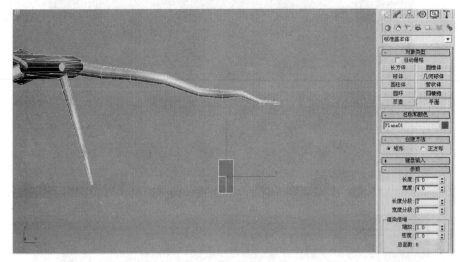

图 1-18　创建平面

步骤 2：右击所创建的平面，在弹出的快捷菜单中执行【转换为】→【转换为可编辑多边形】命令，将平面转换为可编辑多边形，如图 1-19 所示。

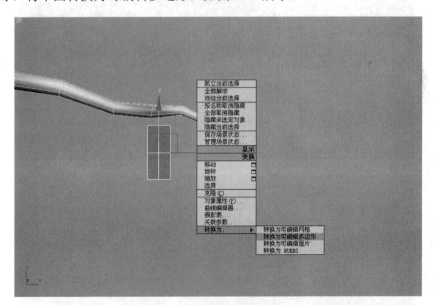

图 1-19　转换为可编辑多边形

步骤 3：进入顶点子物体级别调节点，完成树叶的初步造型，如图 1-20 所示。

步骤 4：选择工具栏上的【移动】工具，将树叶移动到树干小分支上，并进入顶点子物体级别，再次根据实际位置调整树叶的造型，如图 1-21 所示。

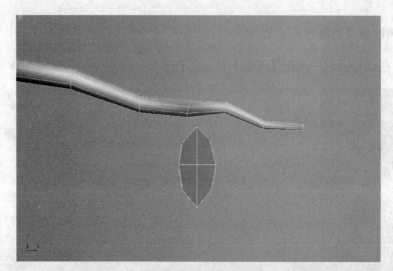

图 1-20　调节点

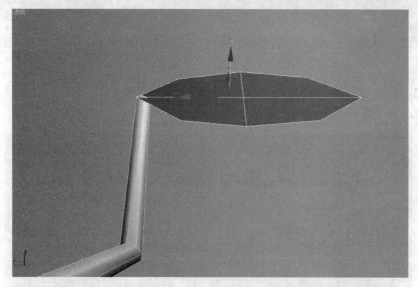

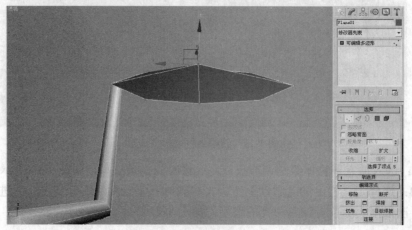

图 1-21　移动树叶到树干上并调整造型

步骤 5：选择工具栏上的【旋转】工具，按住 Shift 键旋转复制树叶，在【克隆选项】对话框的【对象】框中选中【实例】单选按钮，将复制的树干移动和旋转到适合的位置，如图 1-22 所示。

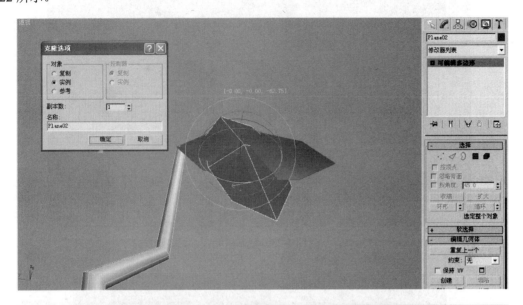

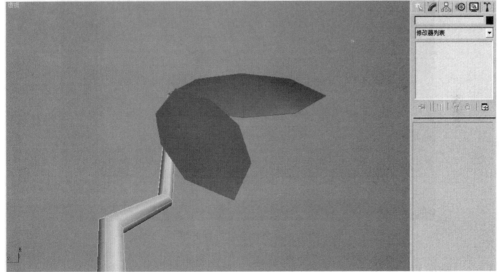

图 1-22 复制并变换树叶的位置

步骤 6：按照步骤 4 的方法，继续复制树叶并变换位置，堆积制作出树叶堆，如图 1-23 所示。

步骤 7：选择工具栏上的【移动】工具，按住 Shift 键，选择步骤 5 得到的树叶堆，将其移动复制到其他分支上，并选择工具栏上的【旋转】工具，将其变换到适合的位置，如图 1-24 所示。

图 1-23　复制树叶

图 1-24　复制并移动树叶堆

1.2.3　树的 UV 展开

步骤 1：在视图中选择一片树叶，进入修改命令面板，选择【UVW 展开】修改器，如图 1-25 所示。

步骤 2：在【参数】展卷栏中单击【编辑】按钮，打开【编辑 UVW】窗口，展开树叶 UV，如图 1-26 所示。

步骤 3：进入面子对象层级，选择树叶，在【参数】展卷栏中单击【平面】按钮和【最佳对齐】按钮，展开面，如图 1-27 所示。

图 1-25　选择【UVW 展开】修改器

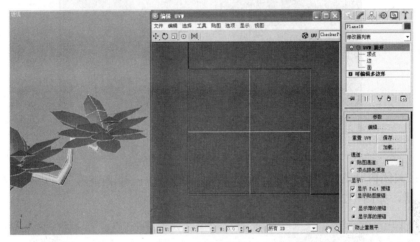

图 1-26　展开树叶 UV

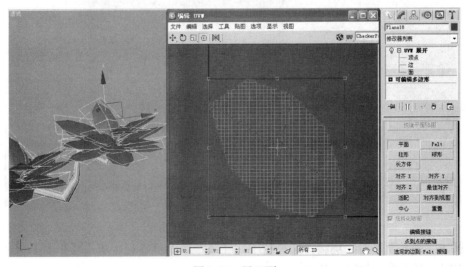

图 1-27　展开面

步骤 4：关闭【平面】按钮，按比例缩放步骤 3 展开的面，变换到如图 1-28 所示的位置。

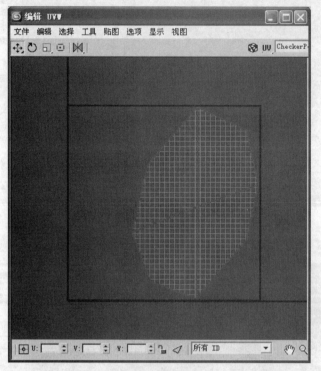

图 1-28　变换位置

步骤 5：关闭树叶的【UVW 展开】修改器，选择树干，进入修改命令面板，选择【UVW 展开】修改器，如图 1-29 所示。

图 1-29　选择【UVW 展开】修改器

步骤 6：进入面子对象层级，选择树干，在【参数】展卷栏中单击【平面】按钮和【对齐 X】按钮，展开面，如图 1-30 所示。

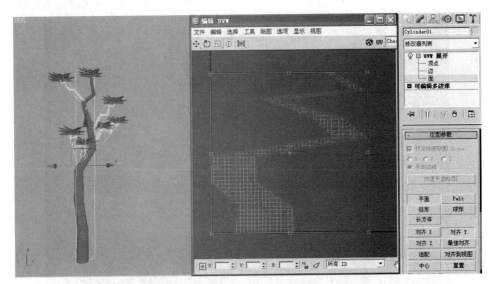

图 1-30 展开面

步骤 7：关闭【平面】按钮，缩放步骤 6 展开的面，变换到如图 1-31 所示的位置。

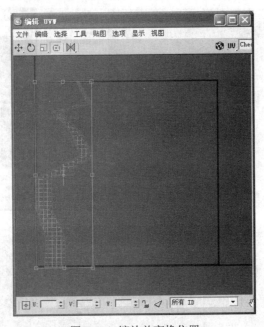

图 1-31 缩放并变换位置

步骤 8：关闭树干的【UVW 展开】修改器，右击树干，在弹出的快捷菜单中执行【转换为】→【转换为可编辑多边形】命令，将树干再次转换为可编辑多边形，如图 1-32 所示。

步骤 9：进入修改命令面板，打开【编辑几何体】展卷栏，单击【附加】按钮旁边的【附加列表】按钮，在弹出的【附加列表】对话框中单击【全部】按钮，然后单击【附加】按钮，将树干、小分枝和所有树叶附加成一个物体，如图 1-33 所示。

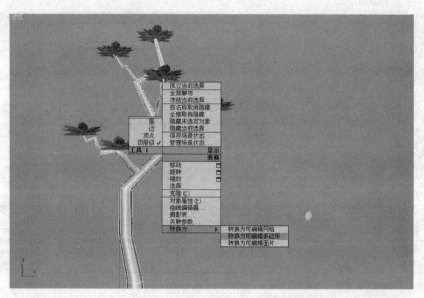

图 1-32　转换为可编辑多边形

图 1-33　附加物体

步骤 10：在视图中选择树，进入修改命令面板，选择【UVW 展开】修改器，在【参数】展卷栏中单击【编辑】按钮，打开【编辑 UVW】窗口，调整树 UV，完成树模型 UV 展开，如图 1-34 所示。

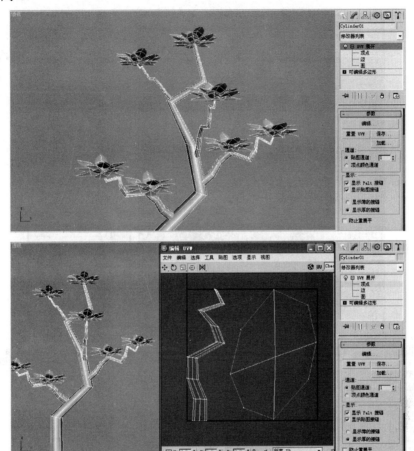

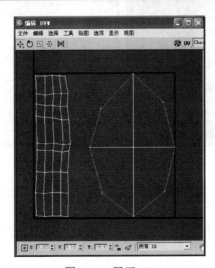

图 1-34　展开 UV

步骤 11：在【编辑 UVW】窗口中，执行菜单【工具】→【渲染 UVW 模板】命令，在弹出的【渲染 UVs】对话框中单击【渲染 UV 模板】按钮，并将文件保存为"树 2.tga"格式文件，如图 1-35 所示。

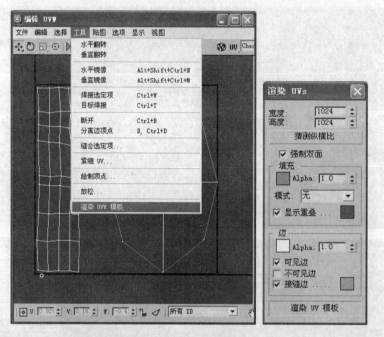

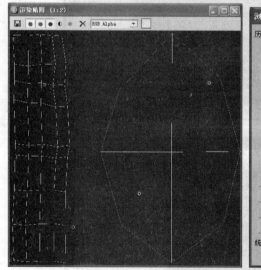 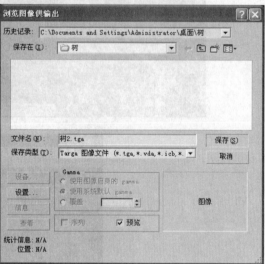

图 1-35　渲染 UV 并保存

1.2.4　树的 UV 展开

步骤 1：在 Photoshop 中打开保存的"树 2.tga"文件，并创建新图层，如图 1-36 所示。

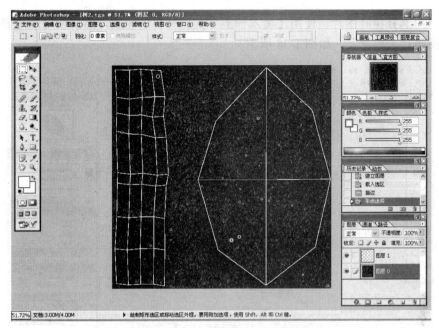

图 1-36　打开文件并创建新图层

步骤 2：选择适合的树叶和树干贴图照片，如图 1-37 所示。

图 1-37　选择适合的贴图照片

步骤 3：选择树叶图片，使用【魔术棒】工具选择树的轮廓，然后使用反选删除背景，将树叶贴图照片去掉背景，如图 1-38 所示。

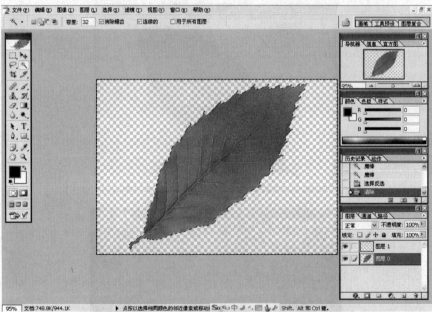

图 1-38　去掉树叶的背景

步骤 4：将处理好的树叶和树干的图片复制到"树 2.tga"文件中，并调整其位置和大小，如图 1-39 所示。

步骤 5：删除多余的图层，并将其保存为"树 2 贴图.png"格式文件，如图 1-40 所示。

图 1-39 调整树叶和树干图片大小和位置

图 1-40 删除多余图层并保存文件

步骤 6：打开 3ds max 软件，选择【材质编辑器】，在【Blinn 基本参数】展卷栏中打开【漫反射】贴图通道，选择【位图】，把前一步骤在 Photoshop 中完成的"树 2 贴图.png"贴图指定到贴图通道，如图 1-41 所示。

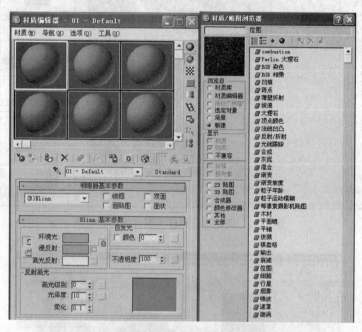

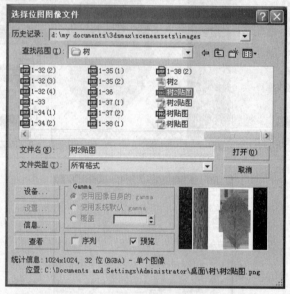

图 1-41　指定材质到【漫反射】贴图通道

步骤 7：在【Blinn 基本参数】展卷栏中选择已经指定材质的【漫反射】贴图通道，单击拖动复制到【不透明度】贴图通道，将材质也指定给【不透明度】贴图通道，如图 1-42 所示。

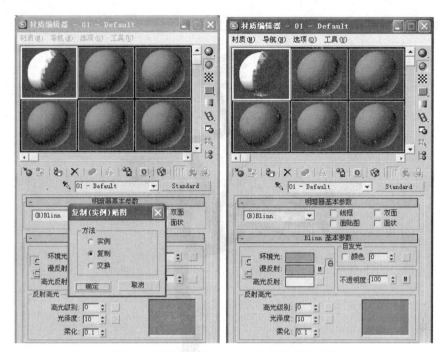

图 1-42　复制材质到【不透明度】贴图通道

步骤 8：在【不透明度】通道中打开【位图参数】展卷栏，在【单通道输出】框中选择 Alpha 单选按钮，并将材质赋予模型，并渲染检查图像是否镂空，如图 1-43 所示。

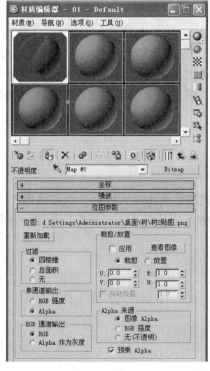

图 1-43　材质赋予模型

步骤 9：至此树制作完成，渲染效果如图 1-44 所示。

图 1-44　渲染效果

本章小结

本章详尽讲述了植物的模型制作和照片贴图的处理方法。在游戏场景的具体制作过程中，要求能够根据不同的效果需求，使用不同的方法制作植物，并灵活运用照片贴图，用最少的面实现丰富和搭配游戏场景的目的。通过本章的学习，要求学生熟练掌握各种植物的制作思路、方法和流程。

习题

1．制作草的不透明度贴图材质，应该将 PNG 格式的贴图指定到哪两个贴图通道？

2．在游戏场景中，使用 PNG 格式的贴图制作植物，为什么不需要再单独绘制一张黑白位图来作不透明度贴图？

3．分别制作离观察者比较近和比较远的花簇。

4．制作一棵离观察者比较近的椰树。

第 2 章　蒙古包的制作

本章重点

- 蒙古包模型的制作
- 蒙古包 UV 的展开
- 蒙古包贴图的绘制

本章难点

- 蒙古包模型的合理布线
- 蒙古包 UV 的合理展开

学习目标

- 学会蒙古包模型的制作
- 学会蒙古包 UV 贴图展开
- 学会蒙古包贴图的绘制

2.1 蒙古包模型的制作

2.1.1 蒙古包基本造型的模型制作

步骤 1：在创建面板中单击【圆柱体】按钮，在顶视图中创建圆柱体，参数如图 2-1 所示。

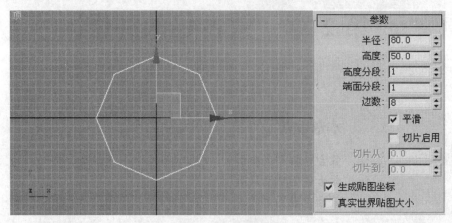

图 2-1 创建圆柱体

步骤 2：选择圆柱体并右击，在弹出的快捷菜单中执行【转换为】→【转换为可编辑多边形】命令，将圆柱体转换为可编辑多边形物体，如图 2-2 所示。

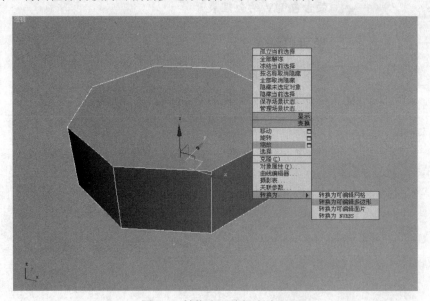

图 2-2 转换为可编辑多边形

步骤 3：打开修改命令面板，进入边子物体级别，在【编辑几何体】展卷栏中单击【切割】按钮，在前视图中绘制出门的边线，如图 2-3 所示。

步骤 4：进入多边形子物体级别，选择门的面，按 Del 键删除，如图 2-4 所示。

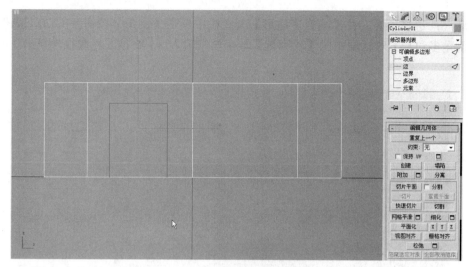

图 2-3 绘制门的边线

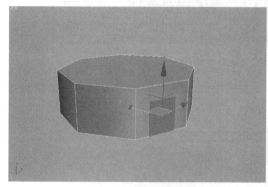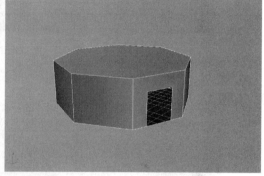

图 2-4 删除门的面

步骤 5：选择底面，在【编辑多边形】展卷栏中单击【翻转】按钮，翻转底面，使得底面法线朝内，如图 2-5 所示。

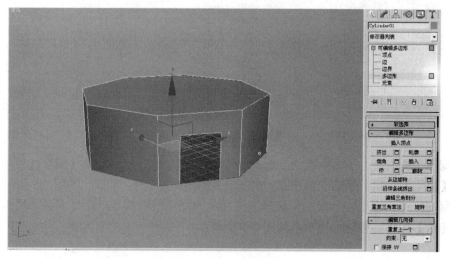

图 2-5 翻转底面

步骤 6：选择顶面，在【编辑多边形】展卷栏中单击【倒角】按钮旁的窗口按钮，在弹出的【倒角多边形】对话框中的【轮廓量】数字框中输入 2，将顶面轮廓往外挤出，如图 2-6 所示。

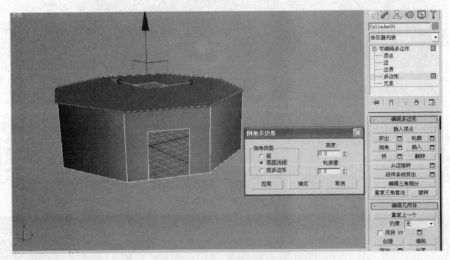

图 2-6　将顶面的轮廓线往外挤出

步骤 7：选择顶面，单击【编辑多边形】展卷栏中的【倒角】按钮，向上挤出蒙古包的顶，如图 2-7 所示。

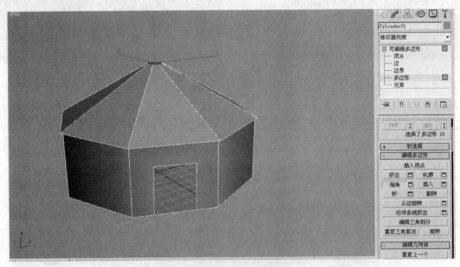

图 2-7　挤出蒙古包的顶

步骤 8：进入顶点子物体级别，选择蒙古包顶部的 8 个顶点，在【编辑几何体】展卷栏中单击【塌陷】按钮，塌陷顶部顶点，如图 2-8 所示。

步骤 9：进入边子物体级别，选择高亮显示为红色的边线，单击【编辑几何体】展卷栏中的【连接】按钮，将边线连接，如图 2-9 所示。

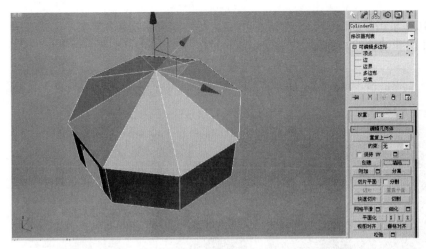

图 2-8　塌陷顶点

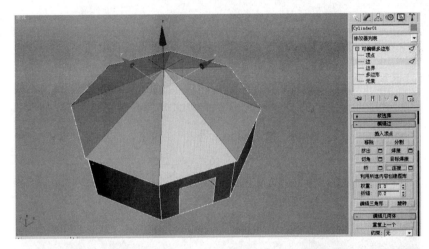

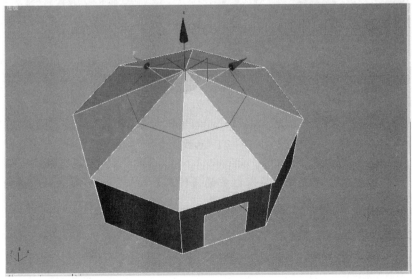

图 2-9　选择边线并将其连接

步骤 10：单击修改命令面板中【编辑边】展卷栏中的【切角】按钮，将连接的边线进行切角，创建出新的边线，如图 2-10 所示。

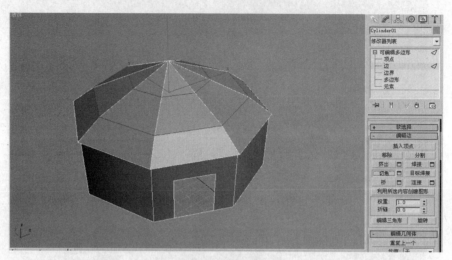

图 2-10　创建边线

步骤 11：重复步骤 10 的操作方法，继续对边线进行切角，如图 2-11 所示。

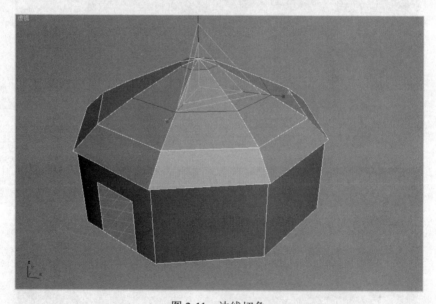

图 2-11　边线切角

注意　　通过单击【选择】展卷栏中的【循环】按钮，可扩展选择跟选中边线形成闭合线圈的所有边。

步骤 12：进入顶点子物体级别，将所创建的蒙古包外形调整为如图 2-12 所示的各视图中的形状。

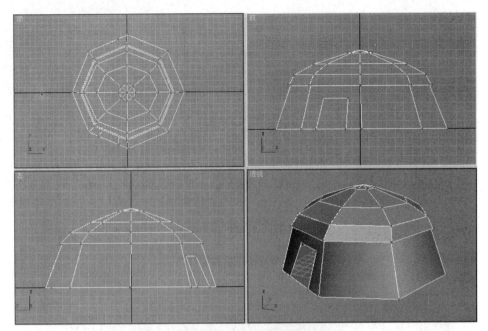

图 2-12　调整蒙古包顶外形

2.1.2　蒙古包基本造型的 UV 展开

步骤 1：在视图中选择蒙古包，进入修改命令面板，选择【UVW 展开】修改器，如图 2-13 所示。

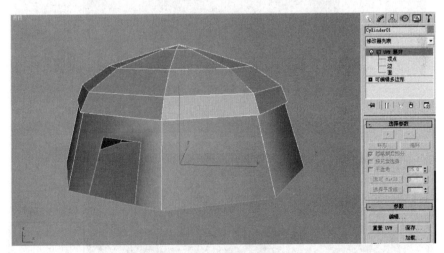

图 2-13　选择【UVW 展开】修改器

步骤 2：在【参数】展卷栏中单击【编辑】按钮，打开【编辑 UVW】窗口，展开蒙古包基本外形 UV，如图 2-14 所示。

步骤 3：进入面子对象层级，选择蒙古包顶面部分，如图 2-15 所示。

步骤 4：在【参数】展卷栏中单击【平面】按钮和【对齐 Z】按钮展开面，如图 2-16 所示。

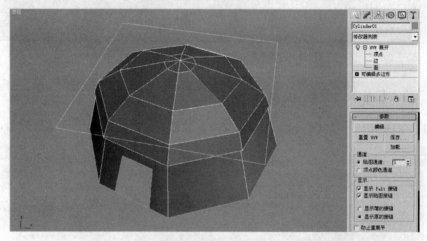

图 2-14　展开蒙古包 UV

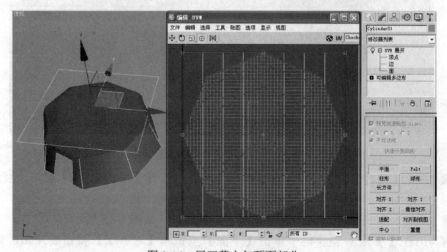

图 2-15　选择顶面部分

图 2-16　展开蒙古包顶面部分

步骤 5：再单击【平面】按钮将其呈凸起状态，垂直缩放步骤 4 展开的面，并变换到最适合的位置，如图 2-17 所示。

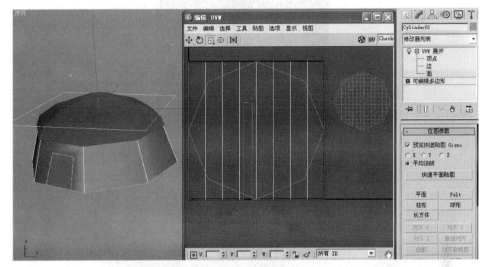

图 2-17　移动面并变换位置

步骤 6：在【编辑 UVW】窗口中，选择蒙古包顶部外沿面并右击，在弹出的快捷菜单中选择【断开】命令，将外沿面断开，如图 2-18 所示。

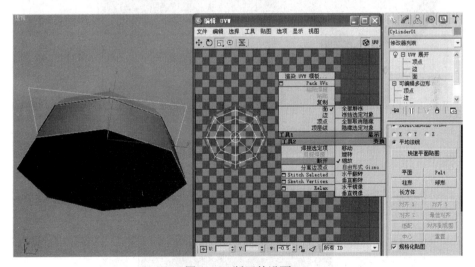

图 2-18　断开外沿面

步骤 7：选择步骤 6 断开的面，按比例缩放，使其放置于蒙古包顶部的外沿处，如图 2-19 所示。

步骤 8：在视图中，选择如图 2-20 所示的蒙古包壁面，单击【位图参数】展卷栏中的【柱形】按钮和【对齐 Z】按钮。

步骤 9：在【编辑 UVW】窗口中，选择工具栏中的【自由形式模式缩放】工具，缩放步骤 8 展开的面，并变换其位置，如图 2-21 所示。

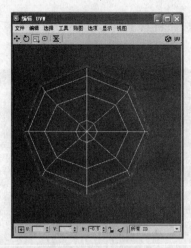

图 2-19　外沿面的位置

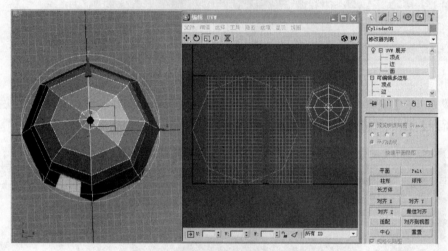

图 2-20　展开蒙古包壁面 UV

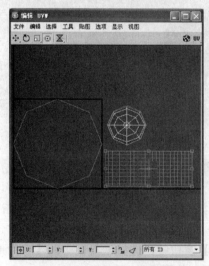

图 2-21　缩放并变换位置

步骤 10：在【编辑 UVW】窗口中，选择如图 2-22 所示的面并右击，在弹出的快捷菜单中选择 Copy 命令，复制纹理坐标粘贴到缓冲区。

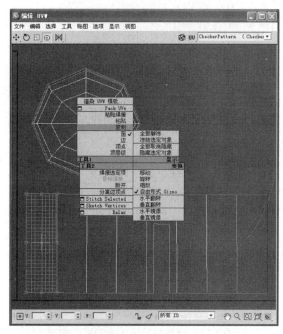

图 2-22　复制纹理坐标

步骤 11：在【编辑 UVW】窗口中，选择如图 2-23 所示的面，将粘贴在缓冲区中的纹理贴图坐标应用于当前选择的对象。

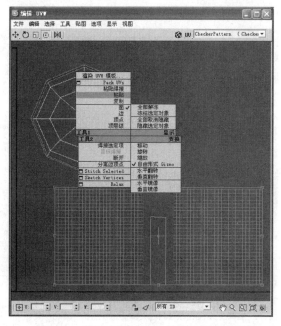

图 2-23　粘贴在缓冲区中的纹理贴图坐标

步骤 12：在【编辑 UVW】窗口中，选择工具栏中的【自由形式模式缩放】工具，缩放蒙古包壁，并变换到如图 2-24 所示的位置。

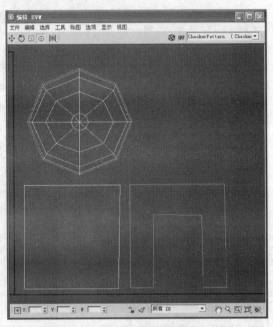

图 2-24　缩放并变换蒙古包壁的位置

步骤 13：在【编辑 UVW】窗口中，选择蒙古包的底面，展开面并按比例缩放，变换到如图 2-25 所示的位置。

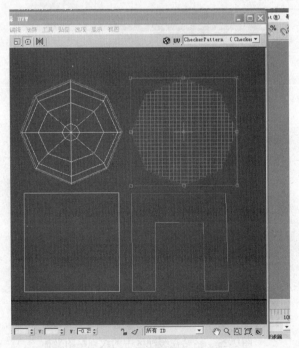

图 2-25　缩放并变换蒙古包底面的位置

2.1.3 蒙古包细节造型的模型制作

步骤 1：在工具栏中，单击【捕捉开关】按钮 ，右击打开【栅格和捕捉设置】窗口，设置如图 2-26 所示的捕捉信息。

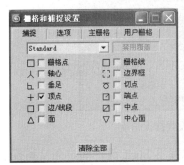
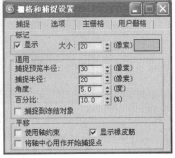

图 2-26 设置捕捉信息

步骤 2：在创建命令面板中选择图形，单击【线】按钮，在顶视图中通过捕捉蒙古包顶部下侧的点创建线，制作固定蒙古包的麻绳，如图 2-27 所示。

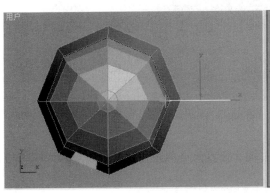
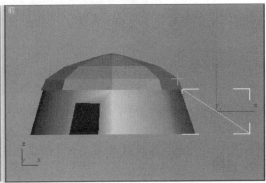

图 2-27 创建线

步骤 3：单击工具栏中的【角度捕捉器】按钮 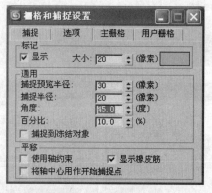，右击，在打开的【栅格和捕捉设置】窗口中设置捕捉角度为【45 度】，如图 2-28 所示。

图 2-28　设置捕捉角度

步骤 4：选择工具栏中的【旋转】工具，按下 Shift 键，通过角度捕捉旋转 Z 轴 45 度，复制步骤 2 所绘制的线，并在【克隆选项】对话框中设置【对象】栏为【实例】，【副本数】为 7，如图 2-29 所示。

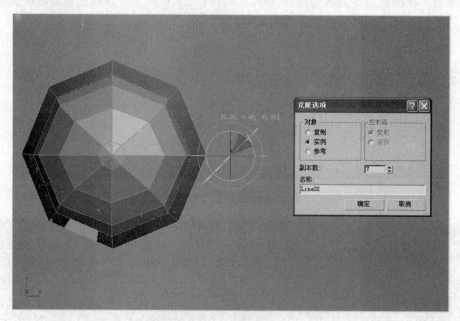

图 2-29　复制线

注意　当对象选择为实例时，所复制的线条将为关联线条，会跟随其中任一线条的变化而变化。

步骤 5：单击工具栏中的【捕捉开关】按钮，通过捕捉蒙古包顶部下侧的点，移动线到如图 2-30 所示的位置，以形成固定蒙古包 8 个角的麻绳。

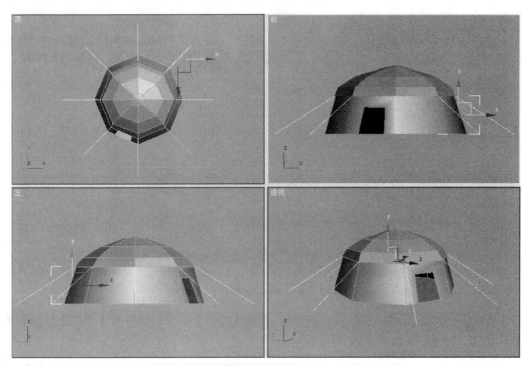

图 2-30　调整线的位置

步骤 6：在视图中选择线，打开修改命令面板，在【渲染】展卷栏中勾选【在渲染中启用】和【在视口中启用】复选框，并设置【径向】中的【厚度】和【边】的参数如图 2-31 所示，完成麻绳的制作。

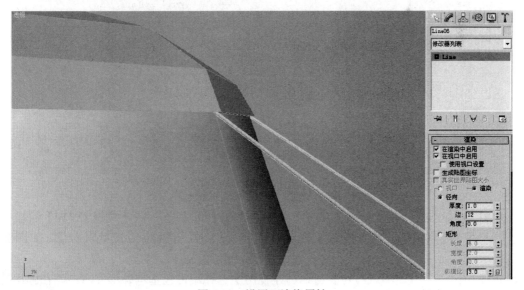

图 2-31　设置可渲染属性

步骤 7：在视图中选择麻绳，进入修改命令面板，选择【UVW 展开】修改器，并在【参数】展卷栏中单击【编辑】按钮，打开【编辑 UVW】窗口，展开麻绳 UV，如图 2-32 所示。

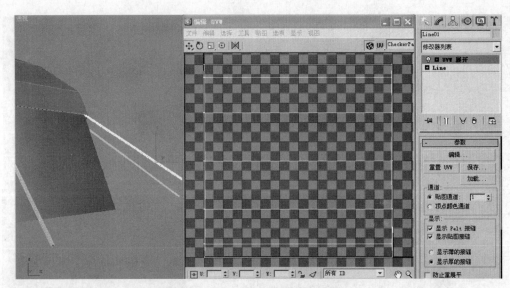

图 2-32　选择【UVW 展开】修改器

步骤 8：进入面子对象层级，选择麻绳，并在【参数】展卷栏中单击【平面】按钮和【对齐 Z】按钮，展开的面如图 2-33 所示。

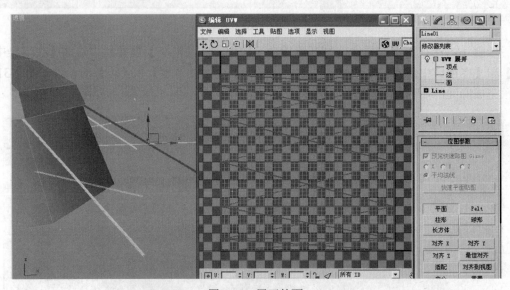

图 2-33　展开的面

步骤 9：单击【平面】和【对齐 Z】按钮使其呈凸起状态，在【编辑 UVW】窗口中单击工具栏中的【自由形式模式缩放】工具，缩放步骤 8 展开的面，并变换其位置，如图 2-34 所示。

步骤 10：关闭【编辑 UVW】窗口，在视图中选择蒙古包基本外形并右击，在弹出的快捷菜单中执行【转换为】→【转换为可编辑多边形】命令，蒙古包基本外形再次转换成可编辑多边形物体，如图 2-35 所示。

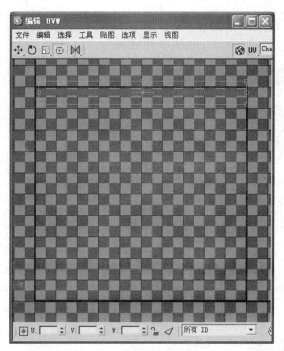

图 2-34　缩放并变换位置

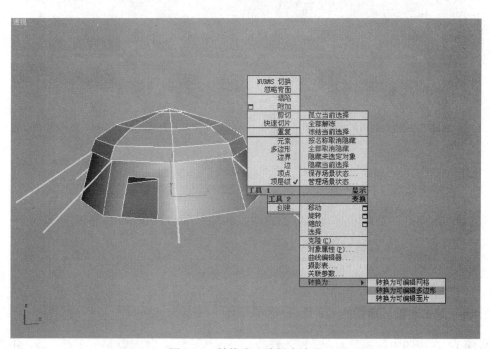

图 2-35　转换为可编辑多边形

 注意　当再次转换为可编辑多边形时，原有的 UVW 展开仍然存在。

步骤 11：在修改命令面板中打开【编辑几何体】展卷栏，单击【附加】按钮右边的【附

加列表】按钮，打开【附加列表】对话框，单击【全部】按钮，最后单击【附加】按钮，将
蒙古包基本外形和麻绳附加到一起，如图 2-36 所示。

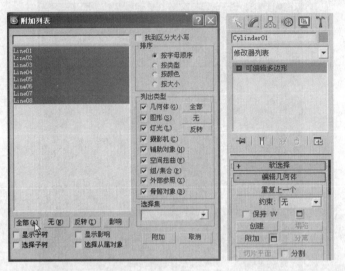

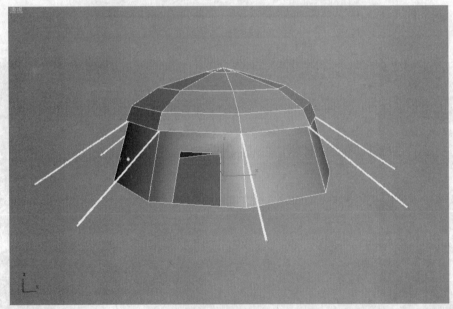

图 2-36　附加模型

2.1.4　蒙古包细节造型的 UV 展开

步骤 1：在视图中选择蒙古包，进入修改命令面板，选择【UVW 展开】修改器，并在【参数】展卷栏中单击【编辑】按钮，打开【编辑 UVW】窗口，展开麻绳 UV，如图 2-37 所示，前面步骤完成的蒙古包基本外形和麻绳的 UV 展开都出现在【编辑 UVW】窗口中。

步骤 2：在【编辑 UVW】窗口中，单击工具栏中的【移动】工具，变换蒙古包 UV 的位置，如图 2-38 所示。

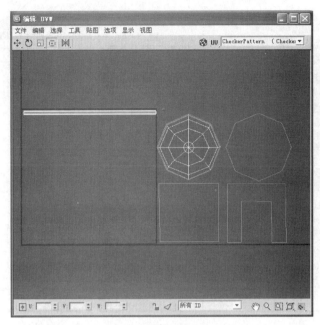

图 2-37　打开【编辑 UVW】窗口

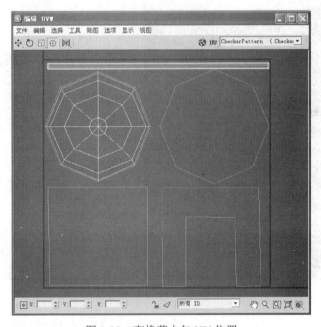

图 2-38　变换蒙古包 UV 位置

步骤 3：在【编辑 UVW】窗口中，执行菜单【选择】→【渲染 UVW 模板】命令，在弹出的【渲染 UVs】对话框中单击【渲染 UV 模板】按钮，渲染出蒙古包的 UV 展开图，并将文件保存为"蒙古包.tga"格式文件，如图 2-39 所示。

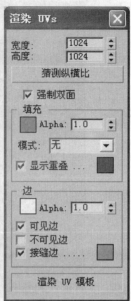

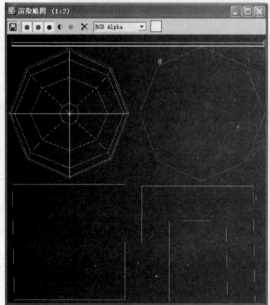

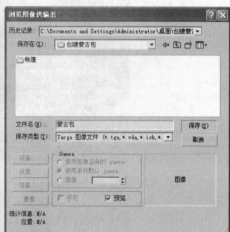

图 2-39　渲染 UV 并保存

2.2　蒙古包贴图的绘制

2.2.1　蒙古包顶贴图的绘制

步骤 1：在 Photoshop 中打开保存的"蒙古包.tga"文件，并创建新图层，如图 2-40 所示。

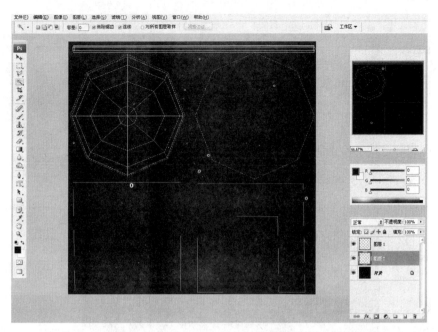

图 2-40　打开文件并创建新图层

步骤 2：在新图层中，单击工具栏上的【多边形套索】工具，选择如图 2-41 所示的选区，并填充蒙古包的基本颜色为"R=123，G=113，B=105"，绳子的基本颜色为"R=103，G=59，B=23"。

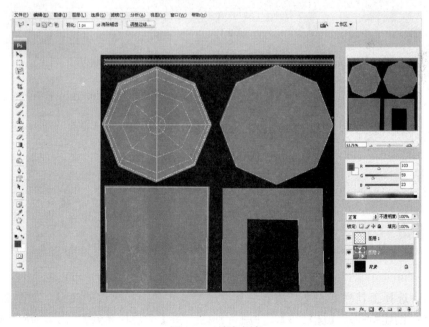

图 2-41　填充颜色

步骤 3：选择工具栏上的【加深】工具，绘制蒙古包布上的污渍，如图 2-42 所示。

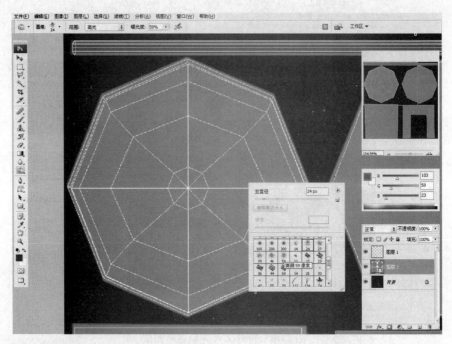

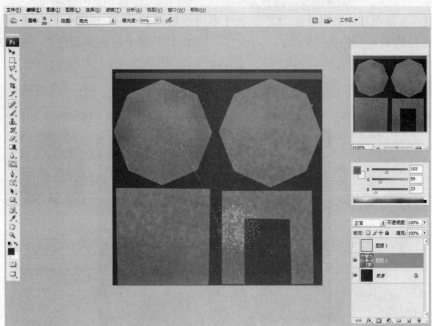

图 2-42　绘制污渍

步骤 4：选择工具栏上的【减淡】工具，绘制蒙古包上布底纹的效果，如图 2-43 所示。

步骤 5：创建新图层【图层 3】，使用工具栏上的【多边形套索】工具，选择蒙古包顶部边沿位置，填充装饰条的颜色为"R=112，G=76，B=46"，如图 2-44 所示。

步骤 6：选择工具栏的【画笔】工具，为蒙古包顶部边沿装饰线绘制线框，如图 2-45 所示。

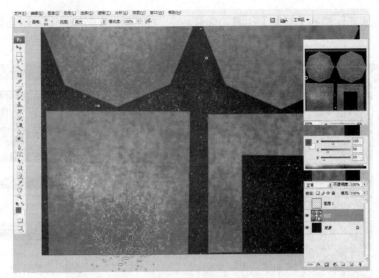

图 2-43　使用【减淡】工具

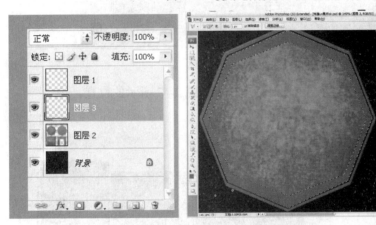

图 2-44　绘制装饰线

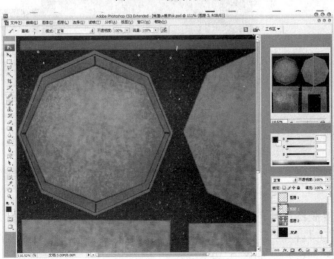

图 2-45　绘制线框

步骤 7：选择工具栏的【画笔】工具，为蒙古包顶部边沿装饰线绘制花纹，如图 2-46 所示。

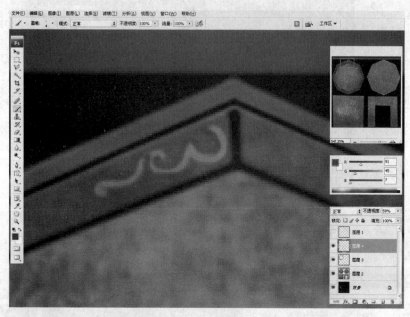

图 2-46　绘制花纹

步骤 8：复制步骤 7 所绘制的花纹，并变换到如图 2-47 所示的位置。

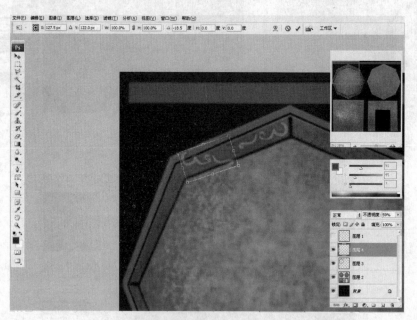

图 2-47　复制并变换位置

步骤 9：重复复制图层 4 的花纹，并将其变换到最适合的位置，如图 2-48 所示。

步骤 10：使用工具栏的【多边形套索】工具，选择蒙古包顶部的中心花纹位置，填充颜色为"R=91，G=45，B=7"，如图 2-49 所示。

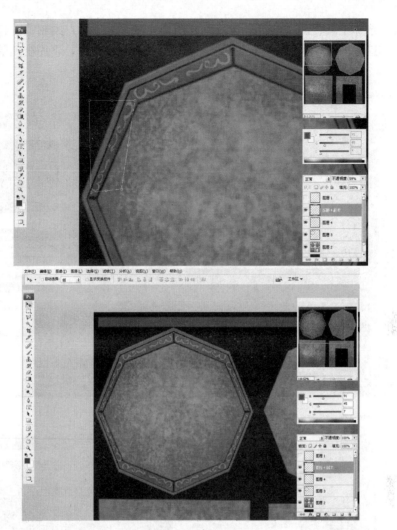

图 2-48　复制并变换位置

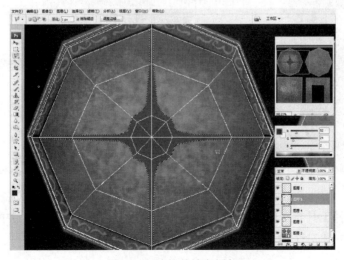

图 2-49　选择并填充颜色

步骤11：选择工具栏的【画笔】工具，并配合【减淡】工具，绘制蒙古包顶部中心花纹和装饰线，并在菜单中执行【滤镜】→【纹理】→【纹理化】命令，添加纹理效果，如图 2-50 所示。

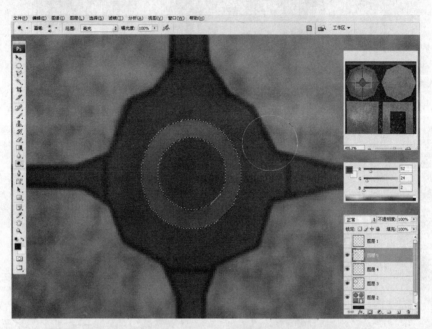

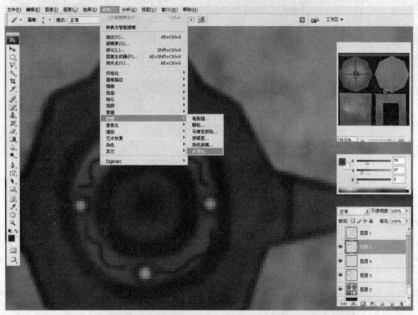

图 2-50　绘制花纹并添加纹理效果

步骤12：选择工具栏上的【画笔】工具，绘制蒙古包顶部的绳子，并配合【减淡】工具进行局部处理，如图 2-51 所示。

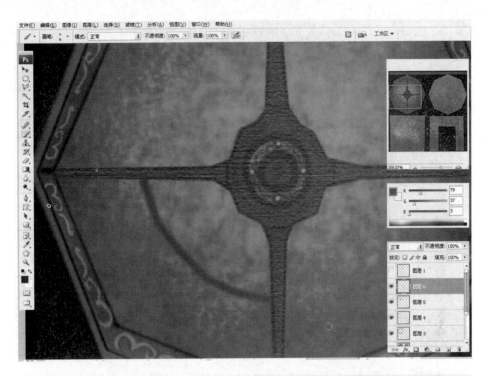

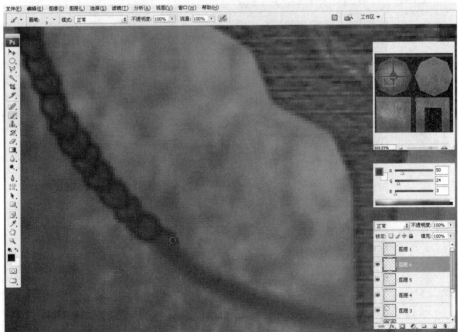

图 2-51　绘制绳子

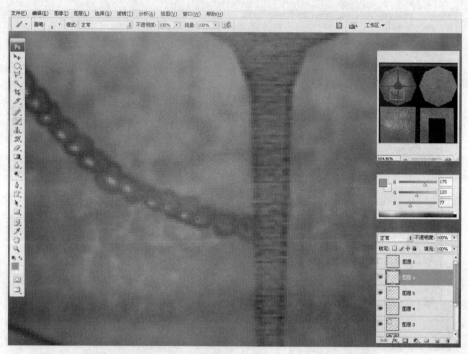

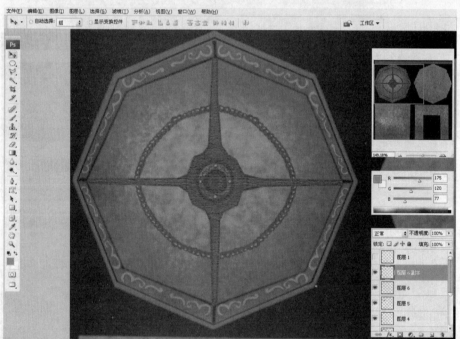

图 2-51　绘制绳子（续图）

步骤 13：选择工具栏上的【加深】工具，对蒙古包顶部麻绳周边的布进行加深处理，如图 2-52 所示。

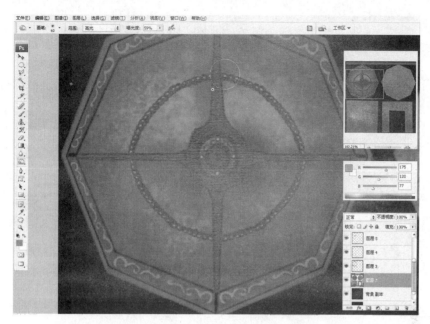

图 2-52　加深处理顶部麻绳周边的布

2.2.2　蒙古包外壁贴图的绘制

步骤 1：选择工具栏中的【矩形选框】工具，选择蒙古包外壁上下边沿，填充颜色，并配合【加深】工具进行局部效果处理，如图 2-53 所示。

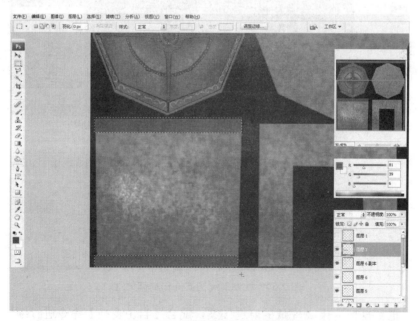

图 2-53　选择边沿并填充颜色

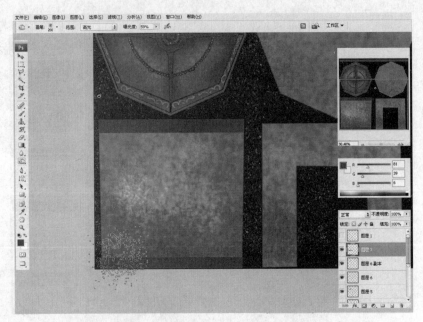

图 2-53　选择边沿并填充颜色（续图）

　　步骤 2：选择工具栏中的【画笔】工具，绘制蒙古包外壁的麻绳图案，并配合【加深】工具进行局部效果处理，如图 2-54 所示。

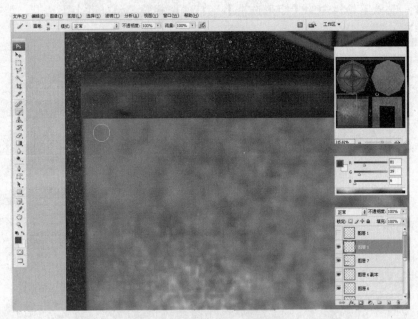

图 2-54　绘制麻绳图案并作局部处理

　　步骤 3：重复复制步骤 2 完成的麻绳图案，配合【自由变换】命令进行缩放，并变换到最适合的位置，完成蒙古包外壁绳子的绘制，如图 2-55 所示。

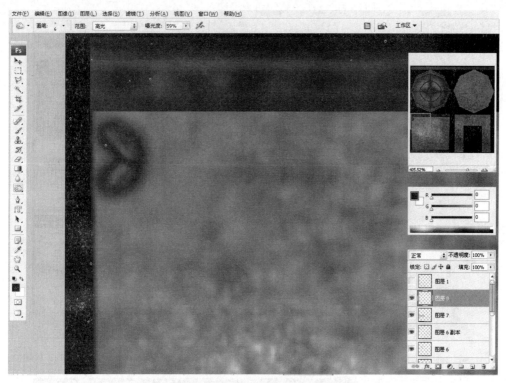

图 2-54　绘制麻绳图案并作局部处理（续图）

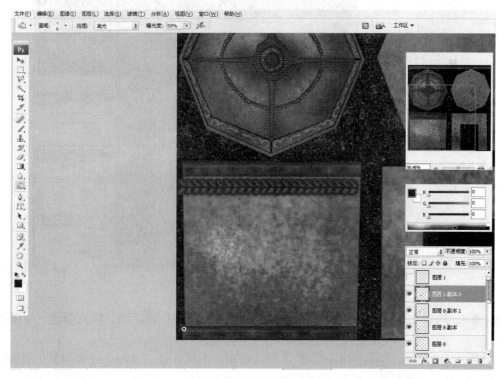

图 2-55　复制并变换位置

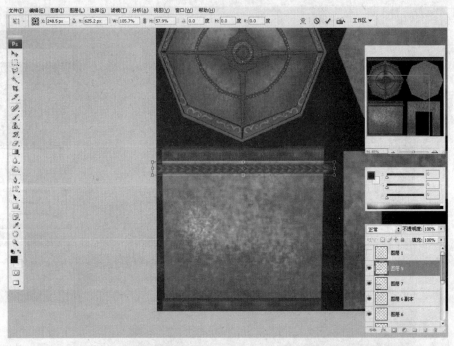

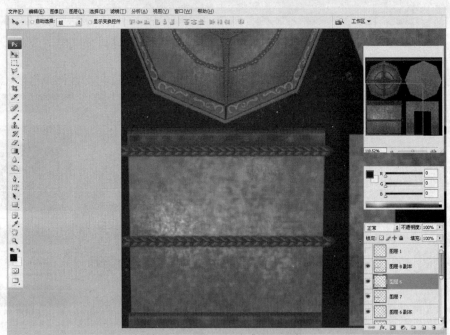

图 2-55　复制并变换位置（续图）

步骤 4：选择【多边形套索】工具，框选蒙古包外壁的布帘区域，填充颜色，如图 2-56 所示。

步骤 5：选择工具栏中的【画笔】工具，绘制布帘的花纹，并配合【加深】工具和【减淡】工具制作出立体效果，如图 2-57 所示。

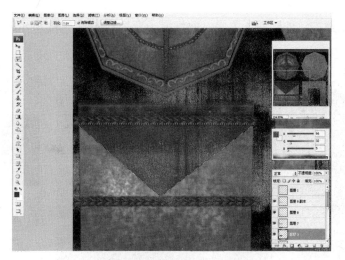

图 2-56　绘制布帘并填充颜色

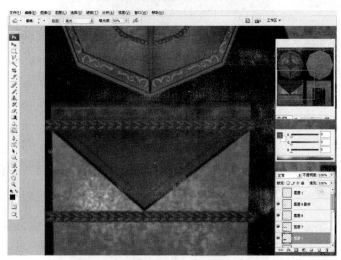

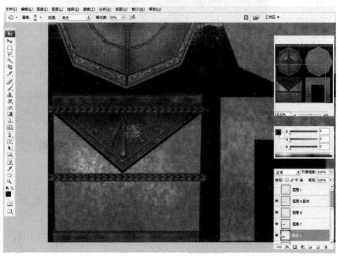

图 2-57　绘制布帘花纹

步骤 6：复制蒙古包外壁绳子图层，并将绳子变换到如图 2-58 所示的位置，制作门框边沿的麻绳。

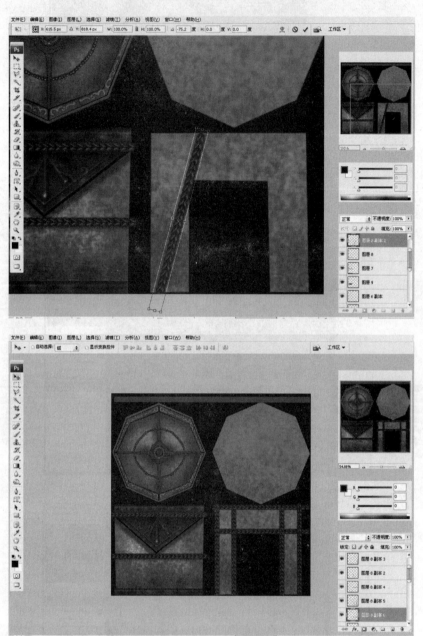

图 2-58　复制外壁绳子图层并变换位置

步骤 7：复制蒙古包外壁下边沿线，并变换到如图 2-59 所示的位置，制作门框边沿线。

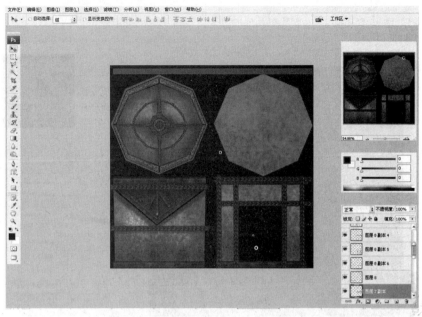

图 2-59　复制外壁下边沿线并变换位置

步骤 8：复制门框绳子，并变换到如图 2-60 所示的位置，绘制固定蒙古包的麻绳。

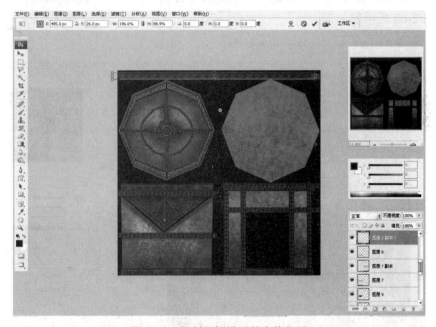

图 2-60　复制门框绳子并变换位置

2.2.3　蒙古包地毯贴图的绘制

步骤 1：选择工具栏中的【画笔】工具，绘制蒙古包地毯外边沿，如图 2-61 所示。

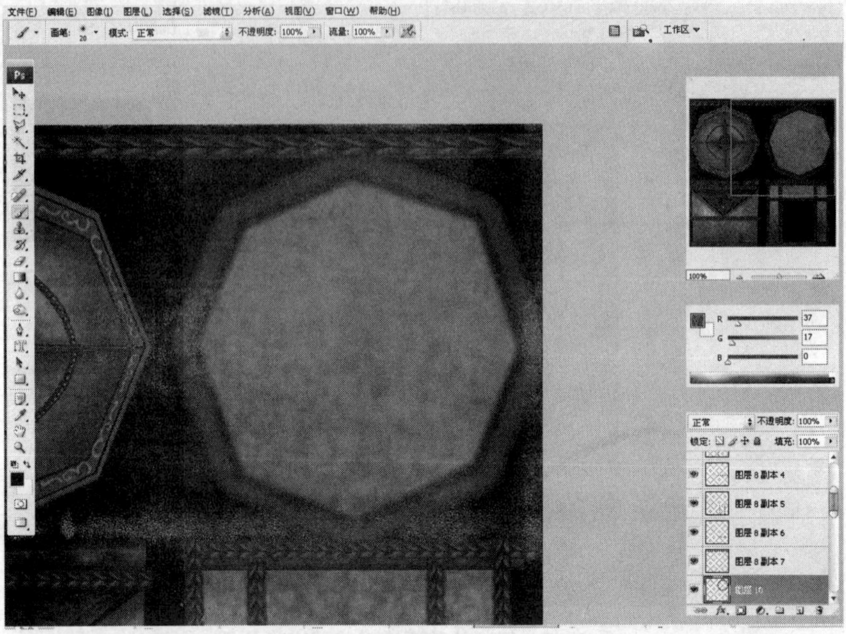

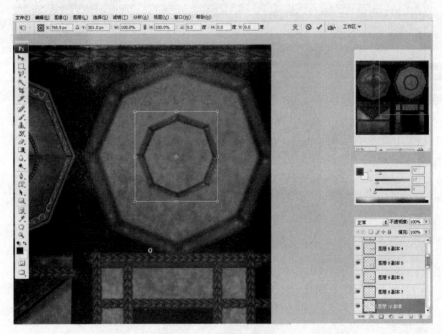

图 2-61　绘制地毯外边沿

　　步骤 2：复制步骤 1 绘制的外边沿，并配合【自由变换】命令进行按比例向内缩放，并变换到如图 2-62 所示的位置。

图 2-62　复制并变换位置

　　步骤 3：选择工具栏中的【画笔】工具，绘制地毯花纹，并配合【加深】工具和【减淡】工具制作出细节的立体效果，完成地毯纹理绘制，如图 2-63 所示。

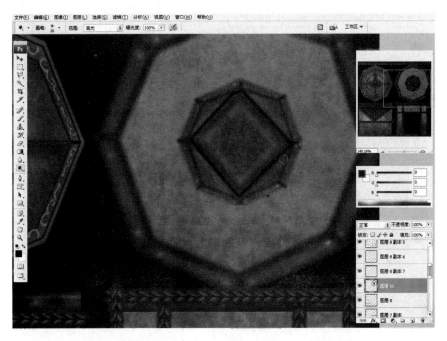

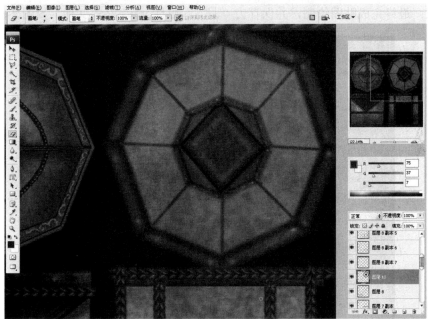

图 2-63　绘制地毯花纹

2.2.4　蒙古包贴图的后期处理

步骤 1：选择工具栏中的【加深】工具和【减淡】工具，润色加工贴图的细节部分，调整蒙古包贴图的整体效果，如图 2-64 所示。

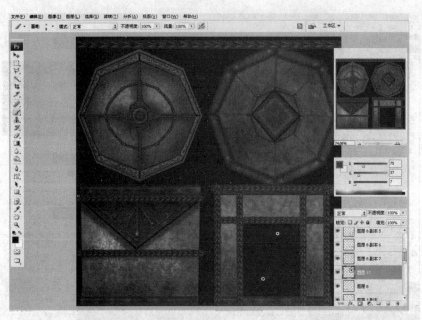

图 2-64　润色加工

步骤 2：最终完成贴图绘制，并保存为"蒙古包贴图.jpg"格式文件，如图 2-65 所示。

图 2-65　蒙古包贴图

步骤 3：在 3ds max 中打开【材质编辑器】窗口，指定"蒙古包贴图.jpg"文件到【漫反射】贴图通道，并指定材质给蒙古包模型，如图 2-66 所示。

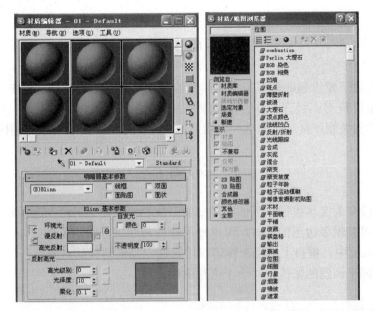

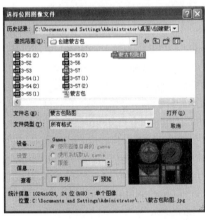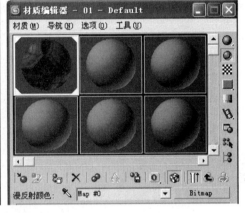

图 2-66 指定材质到模型

步骤 4：完成蒙古包的绘制，渲染效果如图 2-67 所示。

图 2-67 蒙古包渲染效果

本章小结

本章详尽讲述了蒙古包的模型制作和贴图绘制方法。在具体制作过程中，要求能够合理地对模型进行布线和 UV 展开，并手绘完成蒙古包贴图。通过本章的学习，要求学生熟练掌握游戏场景中的相关制作技巧，学会分析模型，独立完成简单游戏场景的制作。

习题

1. 要将线段变为实体模型，应该在【渲染】展卷栏中勾选哪两个选项？
2. 在焊接可编辑多边形的点时，可以使用哪些命令进行塌陷多个点为一个点？
3. 在 3ds max 中，键盘上的哪个键可以用来锁定当前选择的对象？
4. 制作不同于例题的帐篷，并给予两种贴图材质。

第 3 章　城堡的制作

本章重点

- ✖ 城堡模型的制作
- ✖ 城堡 UV 的展开
- ✖ 城堡贴图的绘制

本章难点

- ✖ 城堡模型的合理布线
- ✖ 城堡 UV 的合理展开

学习目标

- ✖ 学会城堡模型的制作
- ✖ 学会城堡 UV 贴图展开
- ✖ 学会城堡贴图的绘制

3.1 城堡模型的制作

3.1.1 城堡第一层模型的制作

步骤 1： 在创建面板中单击【圆柱体】按钮，在顶视图中创建圆柱体，参数如图 3-1 所示。

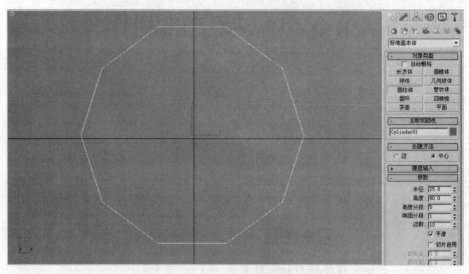

图 3-1 创建圆柱体

步骤 2： 右击圆柱体，在弹出的快捷菜单中执行【转换为】→【转换为可编辑多边形】命令，将圆柱体转换为可编辑多边形物体，如图 3-2 所示。

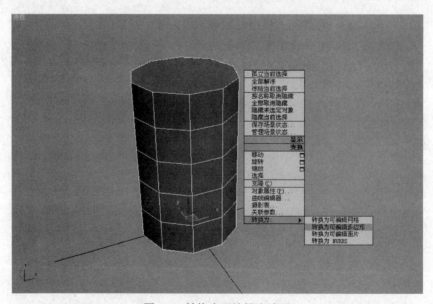

图 3-2 转换为可编辑多边形

步骤 3：打开修改命令面板，进入多边形子物体级别，选择圆柱体的顶面，在【编辑多边形】展卷栏中单击【倒角】按钮右侧的【设置】按钮，打开【倒角多边形】对话框，设置【轮廓量】为-4.0，缩小顶面，如图 3-3 所示。

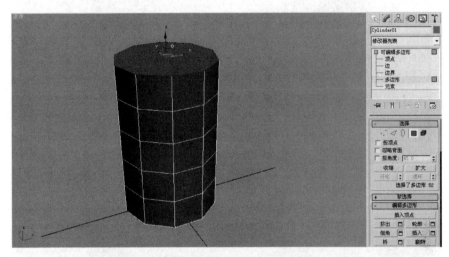

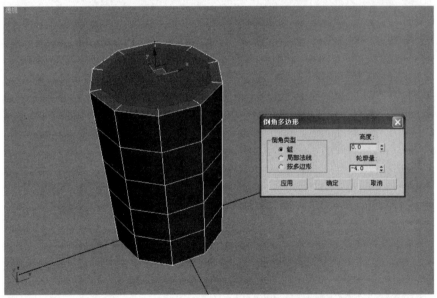

图 3-3　设置倒角的轮廓量

步骤 4：在【编辑多边形】展卷栏中单击【挤出】按钮，向下拉伸出城堡的缓台，如图 3-4 所示。

步骤 5：选择如图 3-5 所示的面，在【编辑多边形】展卷栏中单击【倒角】按钮右侧的【设置】按钮，打开【倒角多边形】对话框，设置【轮廓量】为-0.8，向里缩小面，如图 3-5 所示。

步骤 6：在【编辑多边形】展卷栏中单击【挤出】按钮，向上挤出城墙，如图 3-6 所示。

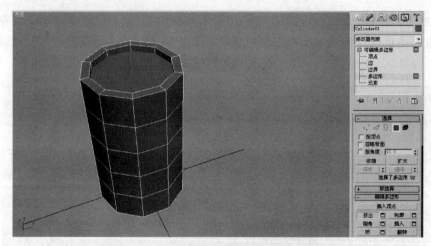

图 3-4　向下挤出面

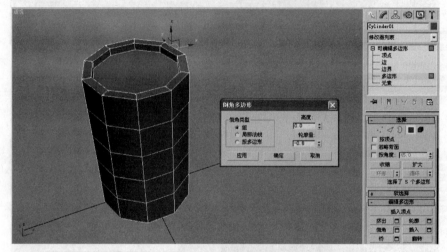

图 3-5　向里缩小面

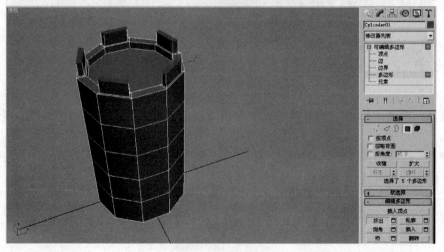

图 3-6　挤出城墙

步骤 7：选择如图 3-7 所示的面，在【编辑多边形】展卷栏中单击【挤出】按钮，向外挤出门。

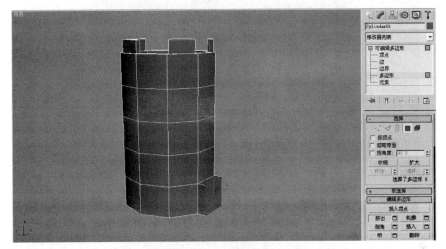

图 3-7　向外挤出门

步骤 8：进入边子物体级别，在【编辑几何体】展卷栏中单击【切割】按钮，在前视图绘制门框的边线，如图 3-8 所示。

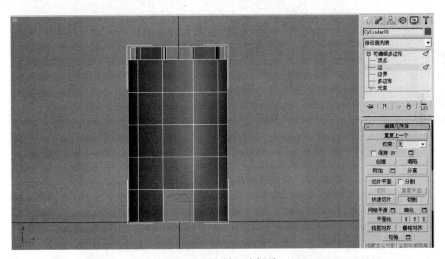

图 3-8　绘制门边框线

步骤 9：进入多边形子物体级别，在【编辑多边形】展卷栏中单击【挤出】按钮，向内挤出门框，如图 3-9 所示。

步骤 10：选择城堡底部的面，按下 Del 键，删除面，如图 3-10 所示。

步骤 11：进入多边形子物体级别，按顺序选择间隔的面一圈，在【编辑多边形】展卷栏中，单击【倒角】按钮右侧的【设置】按钮，打开【倒角多边形】对话框，设置【倒角类型】框为【局部法线】，【高度】为-2.5，【轮廓量】为-2.0，向内挤出窗，如图 3-11 所示，完成城堡第一层模型的制作。

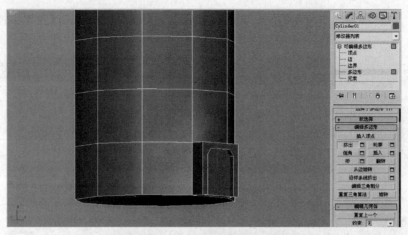

图 3-9　向内挤出门框

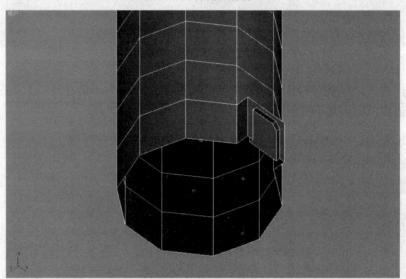

图 3-10　删除多余面

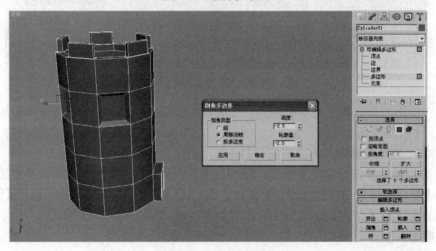

图 3-11　向内挤出窗

3.1.2 城堡第一层的 UV 展开

步骤 1：为城堡的第一层添加一个 UVW 坐标，在视图中选择城堡，进入修改命令面板，选择【UVW 展开】修改器，在【参数】展卷栏中单击【编辑】按钮，打开【编辑 UVW】窗口，展开城堡第一层 UV，如图 3-12 所示。

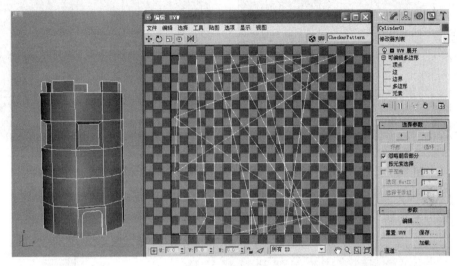

图 3-12 展开 UV

步骤 2：进入面子对象层级，选择如图 3-13 所示的面，在【位图参数】展卷栏中单击【柱形】按钮和【对齐 Z】按钮。

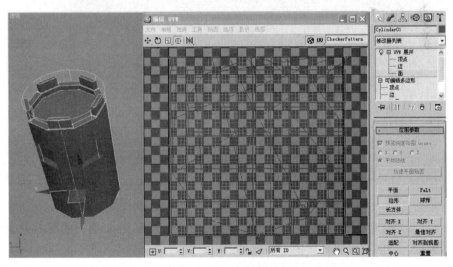

图 3-13 展开城堡

步骤 3：单击【柱形】按钮使其呈凸起状态，垂直缩放步骤 2 展开的面，并变换到如图 3-14 所示的位置。

步骤 4：进入点子对象层级，调节门的点分布，如图 3-15 所示。

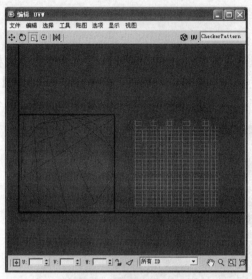

图 3-14 缩放并变换位置

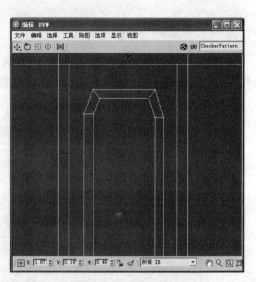

图 3-15 调节门

步骤 5：进入面子对象层级，选择剩余的面，在【位图参数】展卷栏中单击【平面】按钮和【对齐 Z】按钮，展开面，如图 3-16 所示。

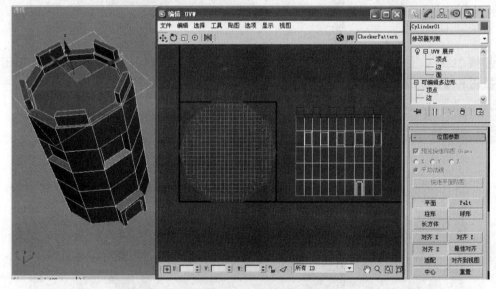

图 3-16 展开面

步骤 6：单击【平面】按钮使其呈凸起状态，垂直缩放步骤 5 展开的面，并变换位置，如图 3-17 所示，完成城堡第一层的 UV 展开。

3.1.3 城堡第二、三层模型的制作

步骤 1：选择城堡第一层并右击，在弹出的快捷菜单中执行【转换为】→【转换为可编辑多边形】命令，将城堡第一层再次转换为可编辑多边形，如图 3-18 所示。

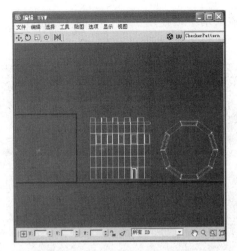

图 3-17　缩放面并变换位置

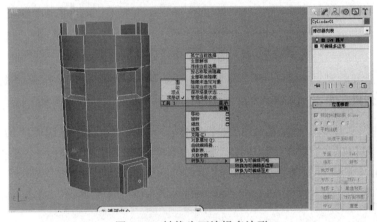

图 3-18　转换为可编辑多边形

步骤 2：进入元素子物体级别，选择工具栏中的【移动】工具，按住 Shift 键向上移动复制城堡底部，生成城堡的第二层，如图 3-19 所示。

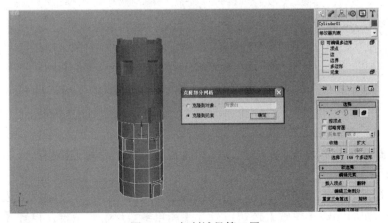

图 3-19　复制城堡第二层

步骤 3：在元素子物体级别下，使用工具栏中的【缩放】工具，缩小城堡的第二层并变换到第一层的正上方位置，如图 3-20 所示。

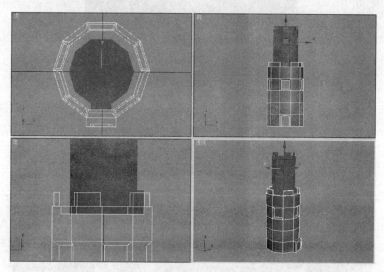

图 3-20　缩小并变换位置

注意　先把模型的基本结构进行 UV，然后再复制模型，这样后面复制出来的模型就会沿用已有的 UV 坐标。

步骤 4：进入多边形子物体级别，选择城堡第二层的顶面，在【编辑多边形】展卷栏中，单击【倒角】按钮右侧的【设置】按钮，打开【倒角多边形】对话框，设置【倒角类型】框为【局部法线】，【轮廓量】为-2.0，向内缩小面，如图 3-21 所示。

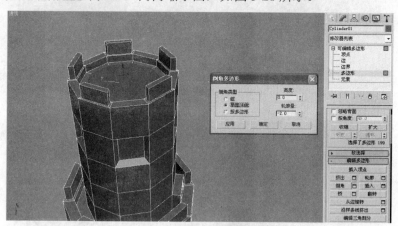

图 3-21　向内缩小面

步骤 5：在【编辑多边形】展卷栏中单击【挤出】按钮，向上挤出面，制作城堡的第三层，如图 3-22 所示。

步骤 6：在多边形子物体级别下，选择城堡第二层的顶面，在【编辑多边形】展卷栏中单击【倒角】按钮右侧的【设置】按钮，打开【倒角多边形】对话框，设置【倒角类型】框为【局部法线】，【轮廓量】为 1.5，放大面，如图 3-23 所示。

图 3-22　挤出面

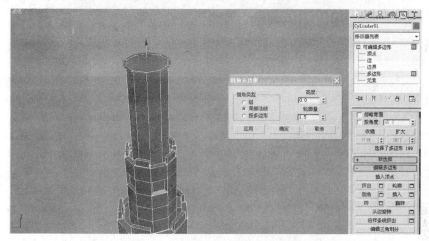

图 3-23　放大面

步骤 7：在【编辑多边形】展卷栏中单击【挤出】按钮，向上挤出面，如图 3-24 所示。

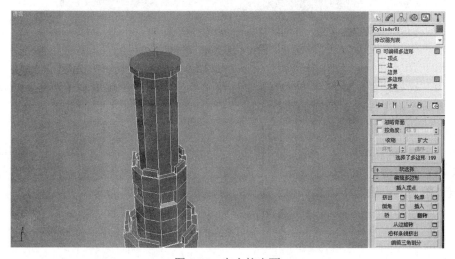

图 3-24　向上挤出面

步骤 8：沿用上面步骤的方法选择顶面，然后先单击【倒角】按钮向内缩小面，再单击【挤出】按钮向上挤出面，如图 3-25 所示。

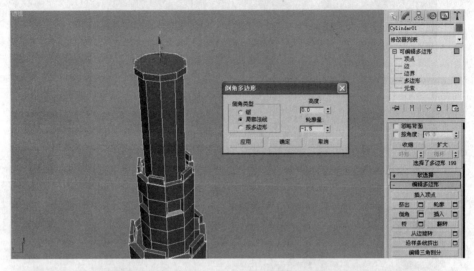

图 3-25　向内缩小面并向上挤出面

步骤 9：选择顶面，继续单击【倒角】按钮向外放大面，然后单击【挤出】按钮向上挤出面，接着再单击【倒角】按钮向内缩小面，最后再单击【挤出】按钮向下挤出面，制作城堡第三层的顶部，如图 3-26 所示。

步骤 10：沿用上面步骤的方法制作城堡第三层的城墙。首先按顺序选择间隔的面一圈，然后在【编辑多边形】展卷栏中单击【倒角】按钮右侧的【设置】按钮，在弹出的对话框中设置数值，缩小面；接着单击【挤出】按钮，向上挤出城墙，如图 3-27 所示。

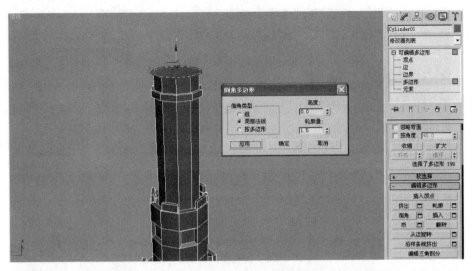

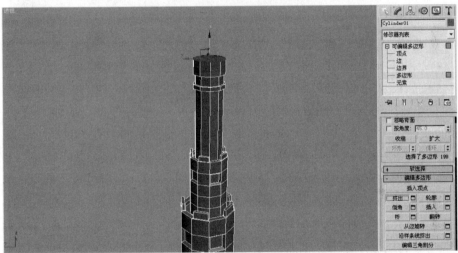

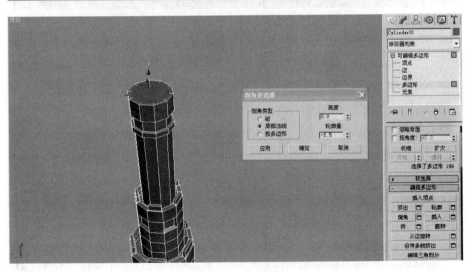

图 3-26 挤出面

图 3-26　挤出面（续图）

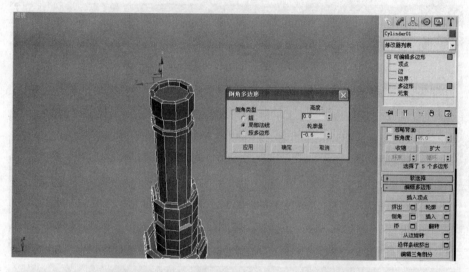

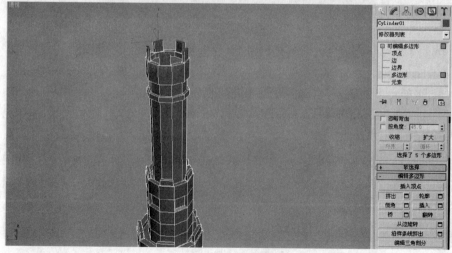

图 3-27　挤出城墙

步骤 11：继续沿用上面步骤的方法，挤出城堡的顶面，如图 3-28 所示。

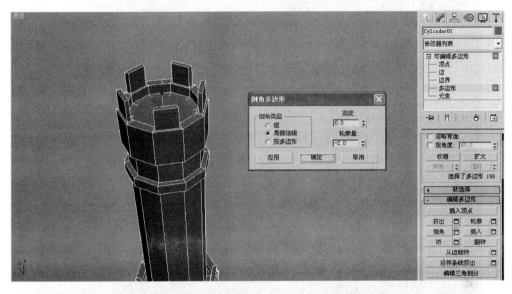

图 3-28　挤出城墙顶面

步骤 12：在【编辑多边形】展卷栏中单击【倒角】按钮右侧的【设置】按钮，在弹出的对话框中设置数值，连续倒角两次，制作出城堡的顶部，如图 3-29 所示。

步骤 13：进入顶点子物体级别，选择顶部的点，在【编辑几何体】展卷栏中单击【塌陷】按钮，将顶部的点塌陷，制作出城堡的尖顶，如图 3-30 所示。

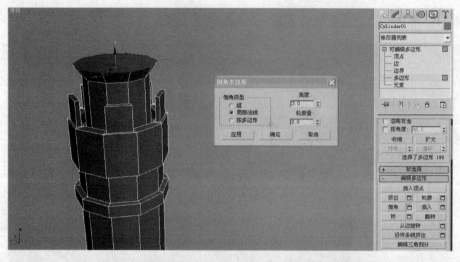

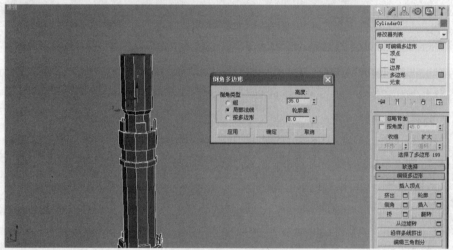

图 3-29　挤出城堡顶部

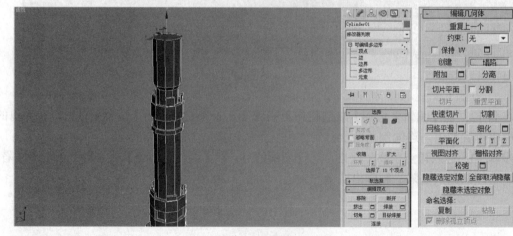

图 3-30　塌陷点

图 3-30 塌陷点（续图）

3.1.4 城堡第二、三层的 UV 展开

步骤 1：在视图中选择城堡，进入修改命令面板，选择【UVW 展开】修改器，在【参数】展卷栏中单击【编辑】按钮，打开【编辑 UVW】窗口，展开 UV，如图 3-31 所示。

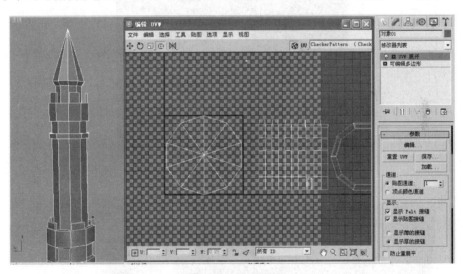

图 3-31 展开 UV

步骤 2：进入面子对象层级，选择城堡尖顶的面，在【位图参数】展卷栏中单击【柱形】按钮和【最佳对齐】按钮，展开面，如图 3-32 所示。

步骤 3：单击【柱形】按钮使其呈凸起状态，垂直缩放步骤 2 展开的面，并变换位置，如图 3-33 所示。

步骤 4：选择城堡第三层城墙中垂直于 Z 轴的面，在【位图参数】展卷栏中单击【平面】按钮和【对齐 Z】按钮，展开面，缩放并变换位置，如图 3-34 所示。

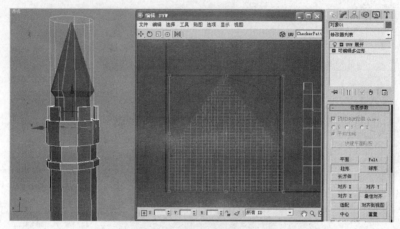

图 3-32   展开面

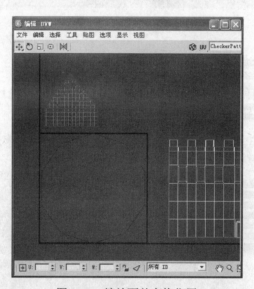

图 3-33   缩放面并变换位置

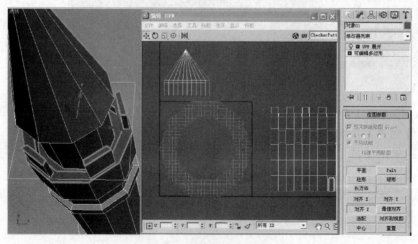

图 3-34   展开面并变换位置

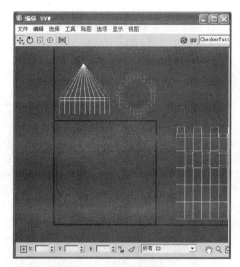

图 3-34　展开面并变换位置（续图）

步骤 5：选择城堡第三层其他垂直于 Z 轴的面，在【位图参数】展卷栏中单击【平面】按钮和【对齐 Z】按钮，展开面，缩放并变换位置，如图 3-35 所示。

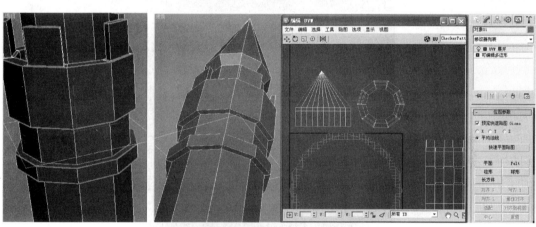

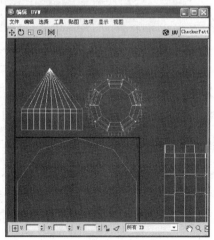

图 3-35　展开面并变换位置

步骤 6：选择其他平行于 Z 轴的面，在【位图参数】展卷栏中单击【柱形】按钮和【对齐 Z】按钮，展开面，缩放并变换位置，如图 3-36 所示。

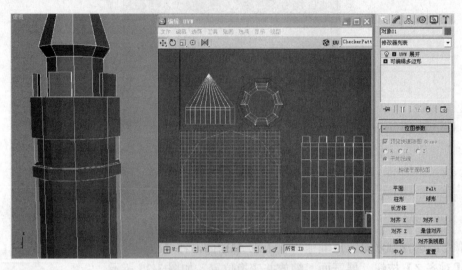

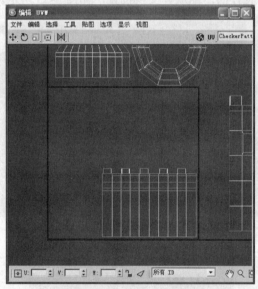

图 3-36　展开面并变换位置

步骤 7：在【编辑 UVW】窗口中选择工具栏中的【自由形式模式缩放】工具，缩放并变换位置，然后调整所有完成展开的面到蓝色正方形边框内，如图 3-37 所示。

3.1.5　城堡其他尖顶的模型制作和 UV 展开

步骤 1：右击城堡，在弹出的快捷菜单中执行【转换为】→【转换为可编辑多边形】命令，将城堡再次转换为可编辑多边形物体。进入多边形子物体级别，选择工具栏中的【移动】工具，按住 Shift 键选择城堡的顶部，复制城堡的尖顶，并使用缩放工具缩小并变换到适当的位置，如图 3-38 所示。

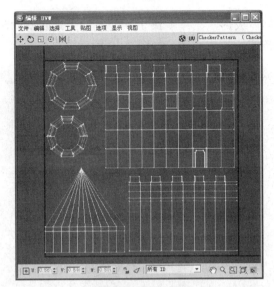

图 3-37　调整 UV

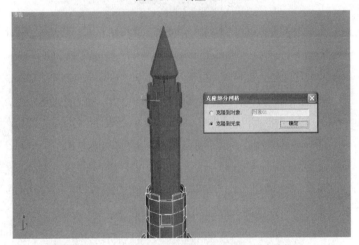

图 3-38　复制尖顶并缩小变换

步骤 2：进入边子物体级别，选择步骤 1 所复制的尖顶底部的闭合边，在【编辑边界】展卷栏中单击【封口】按钮，生成底面，如图 3-39 所示。

图 3-39　封口底面

步骤 3：进入边子物体级别，选择如图 3-40 所示的边，在【编辑边】展卷栏中单击【连接】按钮，生成连接边线，并移动位置。

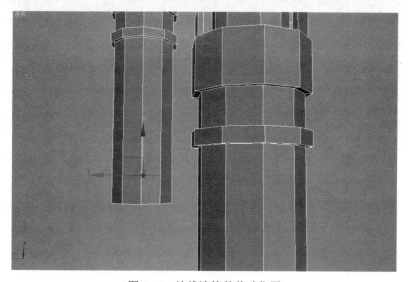

图 3-40　边线连接并移动位置

步骤 4：进入多边形子物体级别，选择如图 3-41 所示的面，在【编辑多边形】展卷栏中单击【挤出】按钮，挤出面，生成尖顶与城堡主体的连接面。

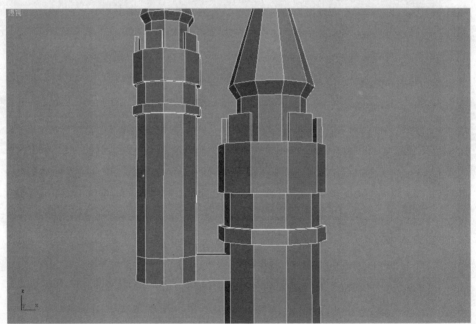

图 3-41　挤出面

步骤 5：在多边形子物体级别下，选择如图 3-42 所示的面，按 Del 键删除，如图 3-42 所示。

步骤 6：进入修改命令面板，选择【UVW 展开】修改器，在【参数】展卷栏中单击【编辑】按钮，打开【编辑 UVW】窗口，展开 UV，如图 3-43 所示。

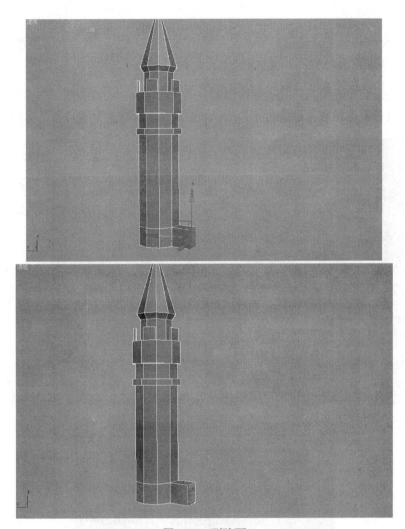

图 3-42　删除面

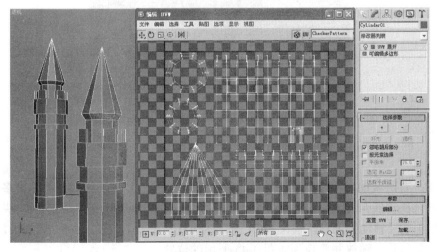

图 3-43　展开 UV

注意 尖顶仍沿用所复制的第三层尖顶已有的 UV 坐标，因此只需要重新展开新创建的连接面即可。

步骤 7：进入面子对象层级，选择挤出的尖顶与城堡主体的连接面，在【位图参数】展卷栏中单击【长方体】按钮和【最佳对齐】按钮，展开面，缩放并变换位置，如图 3-44 所示。

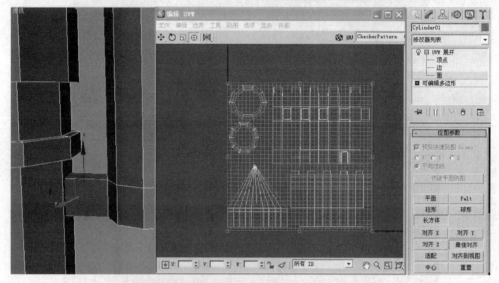

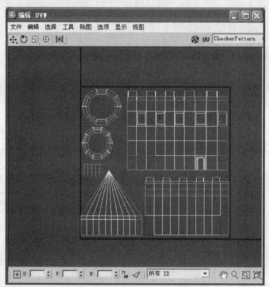

图 3-44　展开面并变换位置

步骤 8：右击城堡，在弹出的快捷菜单中执行【转换为】→【转换为可编辑多边形】命令，将城堡再次转换为可编辑多边形物体，进入元素子物体级别，选择复制的小尖顶部分，使用工具栏中的【移动】工具，按住 Shift 键，移动复制 5 个小尖顶，并配合使用【缩放】工具和【旋转】工具，缩放并变换到如图 3-45 所示的位置。

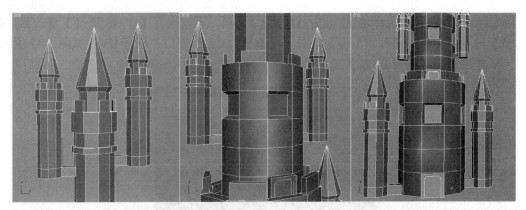

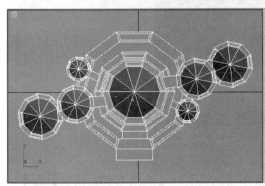

图 3-45　复制尖顶并移动位置

步骤 9：完成城堡造型的制作，如图 3-46 所示。

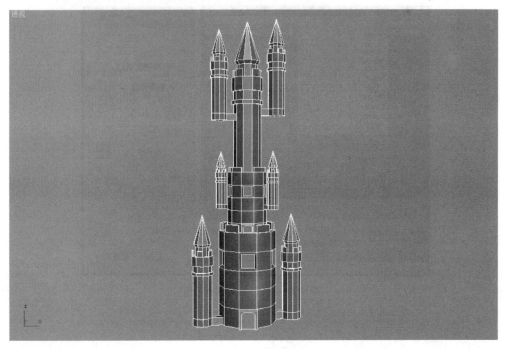

图 3-46　城堡模型

步骤 10：在视图中选择城堡，进入修改命令面板，再次选择【UVW 展开】修改器，在【参数】展卷栏中单击【编辑】按钮，打开【编辑 UVW】窗口，展开 UV，如图 3-47 所示，城堡 UV 都出现在【编辑 UVW】窗口中。

图 3-47　展开 UV

步骤 11：在【编辑 UVW】窗口中，执行菜单【工具】→【渲染 UVW 模板】命令，在弹出的【渲染 UVs】对话框中单击【渲染 UV 模板】按钮，并将文件保存为"城堡.tga"格式文件，如图 3-48 所示。

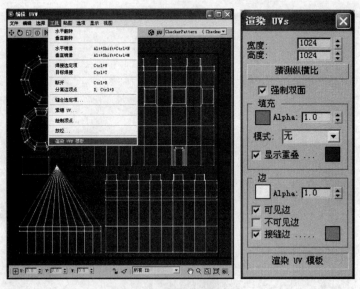

图 3-48　渲染 UV 并保存

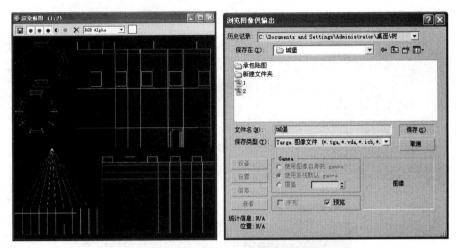

图 3-48　渲染 UV 并保存（续图）

3.2　城堡贴图的绘制

步骤 1：在 Photoshop 中打开保存的"城堡.tga"文件，并创建新图层。在新图层中，单击工具栏中的【多边形套索】工具，分别选择尖顶和其他区域，并填充城堡的尖顶部分颜色为"R=31，G=46，B=94"，城堡的基本颜色为"R=205，G=196，B=157"，如图 3-49 所示。

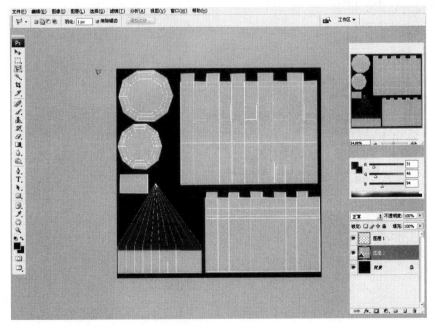

图 3-49　填充颜色

步骤 2：在菜单中执行【滤镜】→【纹理】→【龟裂缝】命令，打开【龟裂缝】对话框，设置如图 3-50 所示的效果，为城堡添加纹理效果。

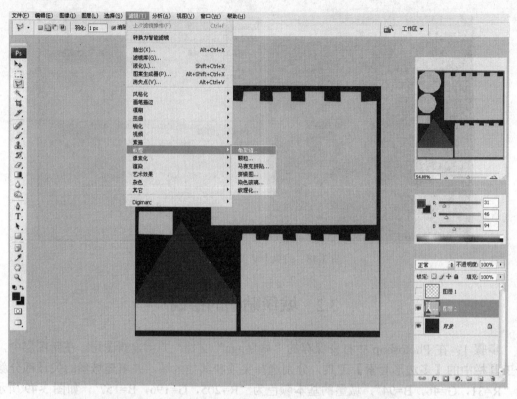

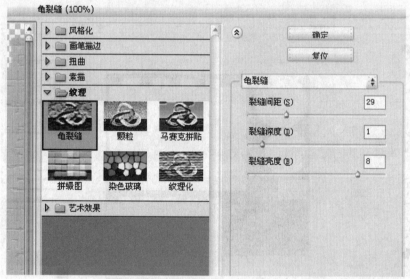

图 3-50　添加纹理效果

　　步骤 3：选择工具栏中的【加深】工具和【减淡】工具，绘制城堡尖顶部分的底纹效果，如图 3-51 所示。

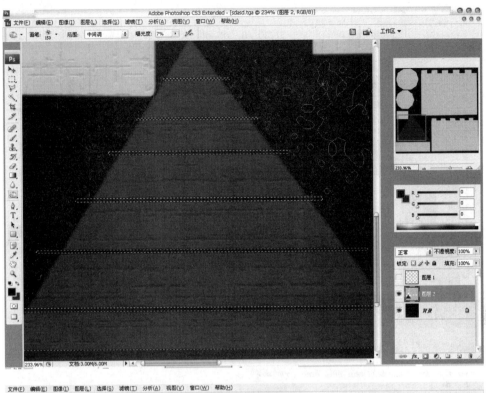

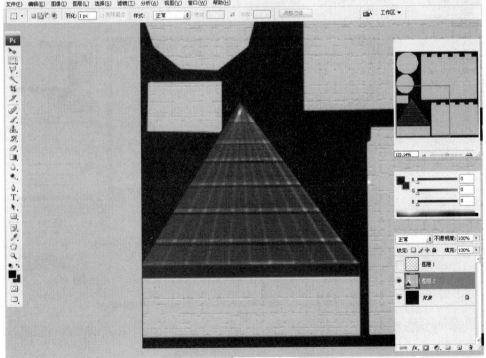

图 3-51　绘制底纹效果

步骤 4：选择工具栏中的【加深】工具，绘制城堡壁上的污渍效果，如图 3-52 所示。

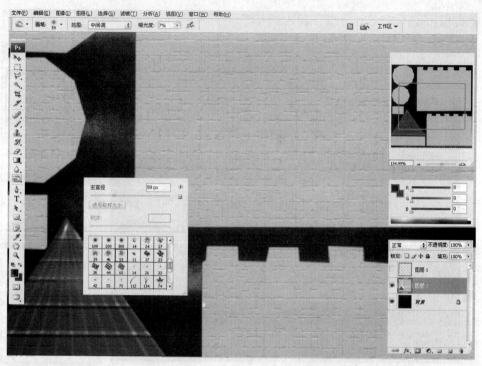

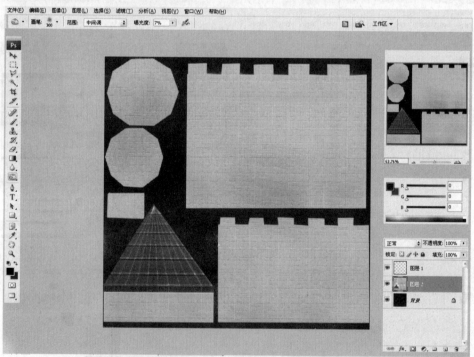

图 3-52　绘制城堡壁的污渍

步骤 5：单击工具栏中的【多边形套索】工具，选择城堡门区域，并填充颜色为"R=114，G=69，B=46"，然后配合【加深】工具和【减淡】工具绘制门的纹理效果，如图 3-53 所示。

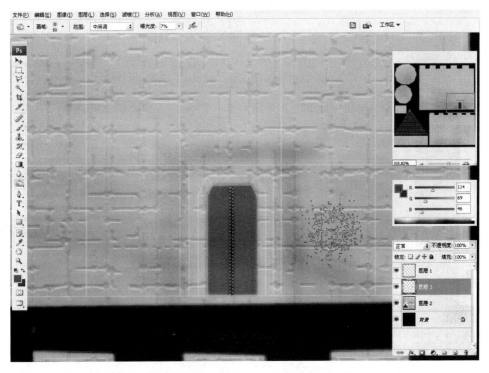

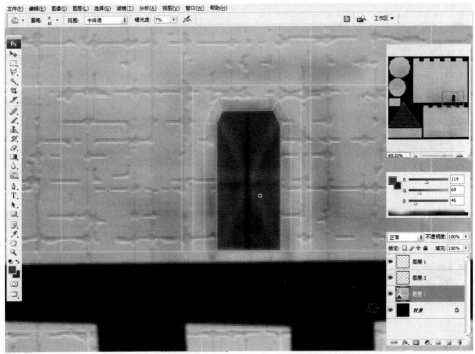

图 3-53　填充颜色并制作门的纹理效果

步骤 6：单击工具栏中的【矩形选框】工具，配合 Shift 键，选择城堡所有窗的选区，填充颜色为黑色，如图 3-54 所示。

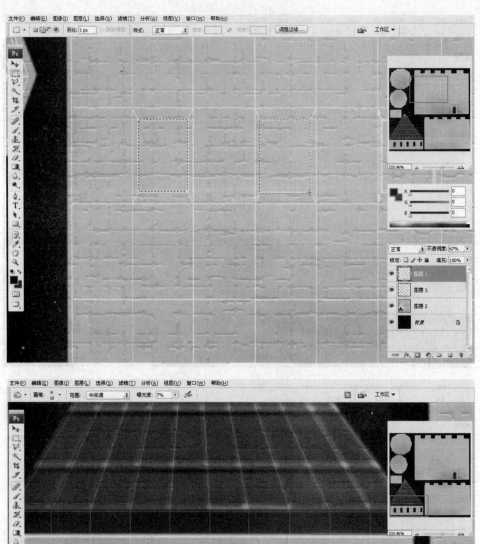

图 3-54 选择窗并填充颜色

步骤 7：选择工具栏中的【加深】工具，为城堡外壁制作破旧效果，如图 3-55 所示。

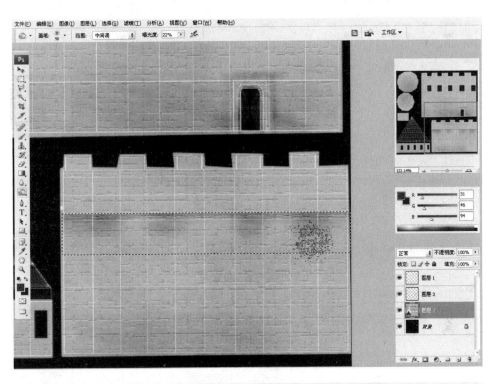

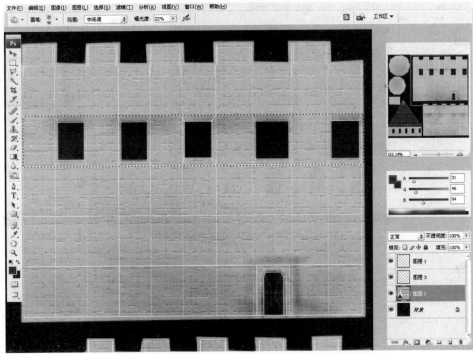

图 3-55 添加城堡外壁的破旧效果

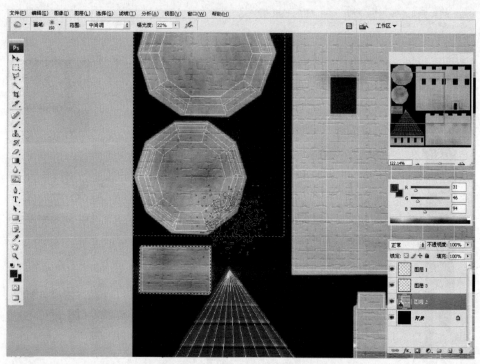

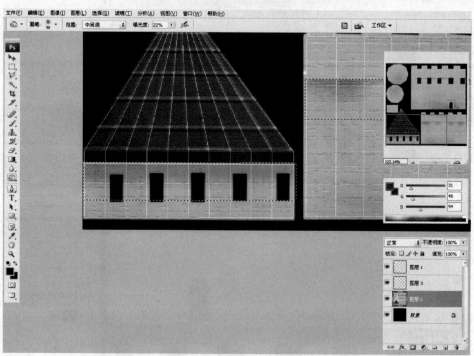

图 3-55　添加城堡外壁的破旧效果（续图）

步骤 8：单击工具栏中的【矩形选框】工具，配合 Shift 键，选择城堡如图 3-56 所示的选区，填充颜色为"R=31，G=46，B=94"，绘制城堡外壁的装饰线。

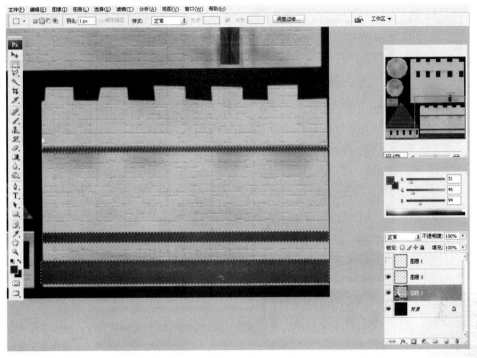

图 3-56　制作装饰线

步骤 9：选择工具栏中的【画笔】工具，在城堡外壁上绘制青苔，如图 3-57 所示。

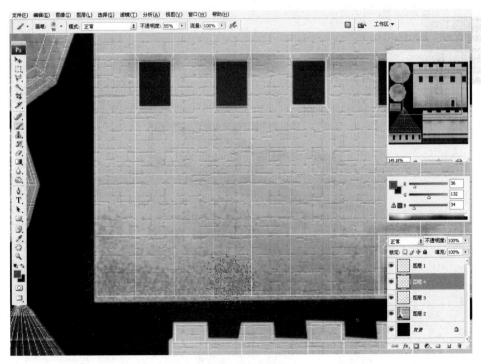

图 3-57　绘制青苔

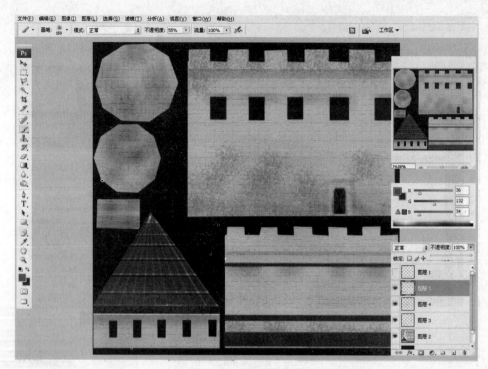

图 3-57　绘制青苔（续图）

步骤 10：选择工具栏中的【加深】工具，继续润色加工贴图细节部分，调整城堡贴图的整体效果，如图 3-58 所示。

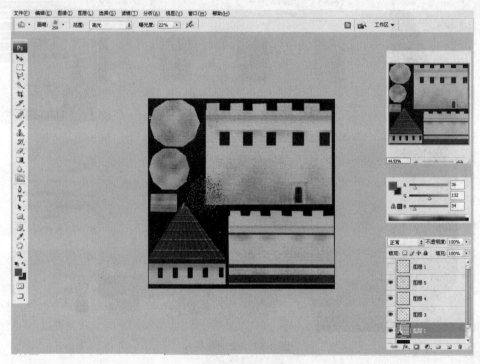

图 3-58　润色加工

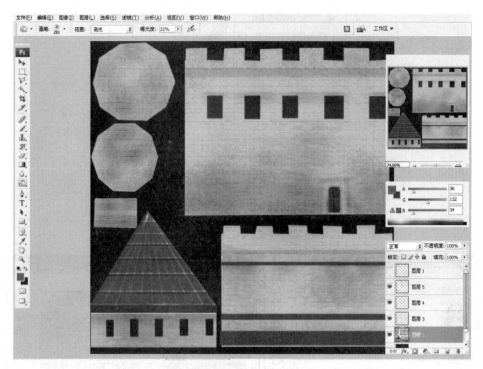

图 3-58 润色加工（续图）

步骤 11：最终完成贴图绘制，结果如图 3-59 所示，并保存为"城堡贴图.jpg"格式文件。

图 3-59 城堡贴图

步骤 12：在 3ds max 中打开【材质编辑器】窗口，设置"城堡贴图.jpg"文件到【漫反射】贴图通道，并指定材质给城堡模型，如图 3-60 所示。

步骤 13：完成城堡的制作，渲染效果如图 3-61 所示。

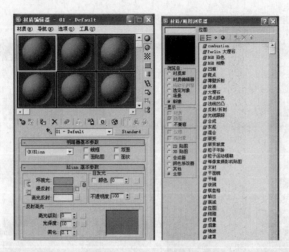

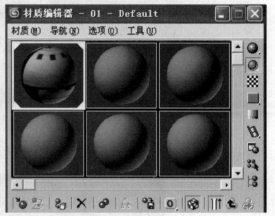

图 3-60　指定材质到模型

图 3-61　城堡渲染效果

本章小结

本章详尽讲述了城堡的模型制作和贴图绘制方法。在具体制作过程中，要求能够合理地对城堡进行布线和 UV 展开，并手绘完成城堡贴图。通过本章的学习，要求学生熟练掌握游戏场景中的相关制作技巧，学会合理分析模型，并适当地使用复制来简化操作，做到用最简单的方法完成较复杂的游戏场景。

习题

1．在元素级别下，按住什么键可用旋转复制按钮复制出一个元素？
2．在制作游戏场景中的尖顶时为什么要把所有的模型 UV 进行重叠？
3．在制作城堡模型时为什么要删除底面？
4．为城堡重新绘制一张不同风格的贴图。
5．尝试制作碉楼模型并绘制贴图。

第 4 章　木屋的制作

4.1 木屋模型的制作

4.1.1 木屋基本模型的制作

步骤 1：在创建面板中单击【长方体】按钮，在视图中创建长方体，参数如图 4-1 所示。

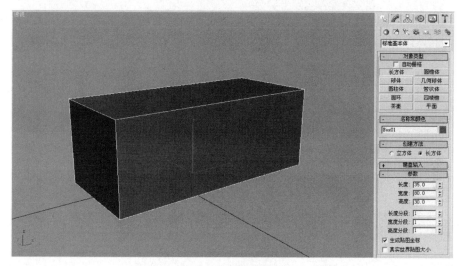

图 4-1 创建长方体

步骤 2：在工具栏中选择【移动】工具，按住 Shift 键，沿 Z 轴向上移动复制长方体，如图 4-2 所示。

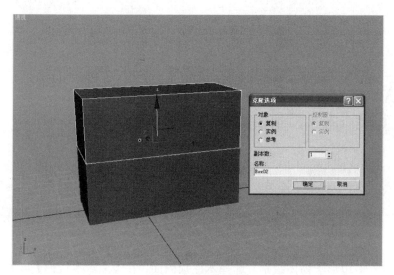

图 4-2 复制长方体

步骤 3：右击步骤 2 复制的长方体，在弹出的快捷菜单中执行【转换为】→【转换为可编辑多边形】命令，将长方体转换成可编辑多边形物体，如图 4-3 所示。

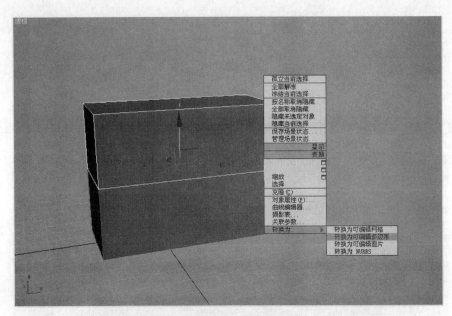

图 4-3　转换为可编辑多边形

　　步骤 4：进入顶点子物体级别，选择工具栏中的【移动】和【缩放】工具，对木屋顶部的点进行调整，结果如图 4-4 所示。

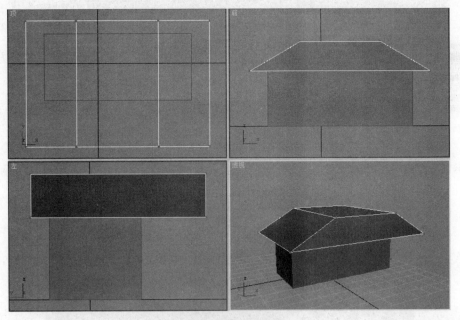

图 4-4　移动并缩放点

　　步骤 5：进入多边形子物体级别，选择木屋顶的面，在【编辑多边形】展卷栏中单击【挤出】按钮，挤出面，如图 4-5 所示。

　　步骤 6：在顶点子物体级别下，选择木屋顶对称的两个点，在【编辑几何体】展卷中单击【塌陷】按钮，对点制作塌陷效果，如图 4-6 所示，并用同样的方法塌陷另外两个顶点。

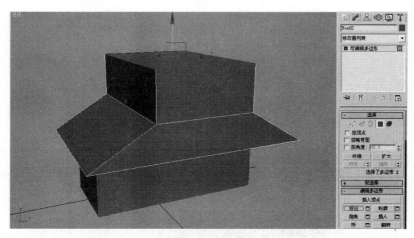

图 4-5　挤出面

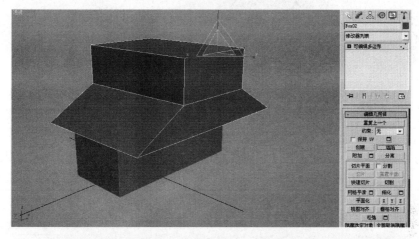

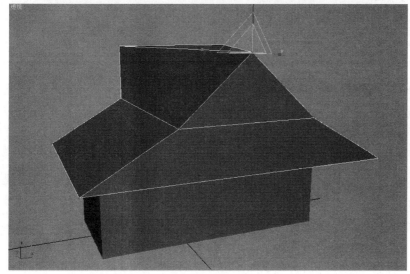

图 4-6　塌陷点

图 4-6　塌陷点（续图）

步骤 7：在多边形子物体级别下，选择木屋顶的面，在【编辑多边形】展卷栏中单击【倒角】按钮右侧的【设置】按钮，在弹出的【倒角多边形】对话框中选中【倒角类型】为【局部法线】单选按钮，并设置【轮廓量】为 6.0，向外挤出面，如图 4-7 所示。

步骤 8：选择木屋顶的面，在【编辑多边形】展卷栏中单击【挤出】按钮右侧的【设置】按钮，在弹出的【挤出多边形】对话框中选中【挤出类型】为【局部法线】单选按钮，并设置【挤出高度】为 1.0，如图 4-8 所示。

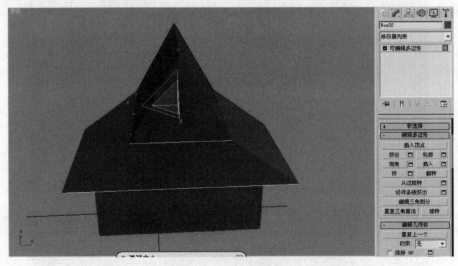

图 4-7　向外挤出面

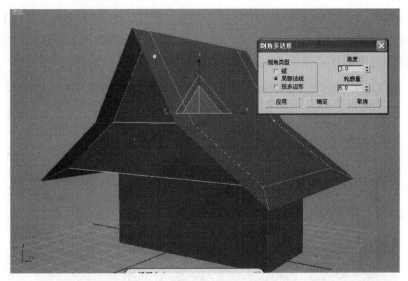

图 4-7　向外挤出面（续图）

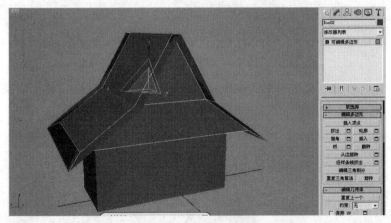

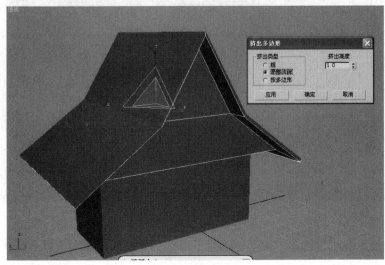

图 4-8　挤出多边形

步骤 9：在多边形子物体级别下，选择顶部的多边形，单击【编辑几何体】展卷栏中的【分离】按钮，在弹出的【分离】对话框中勾选【以克隆对象分离】复选框，单击【确定】按钮，分离复制的多边形，如图 4-9 所示。

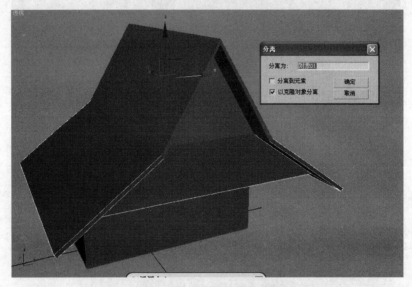

图 4-9　分离复制多边形

步骤 10：选择步骤 9 分离出来的多边形，在工具栏中选中【角度捕捉切换】工具，并选择【旋转】工具，沿 Z 轴旋转 90°，如图 4-10 所示。

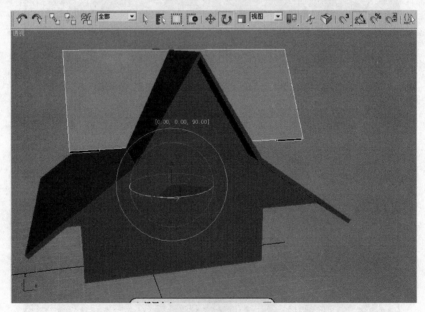

图 4-10　旋转多边形

步骤 11：进入多边形子物体级别，选择多边形一侧的面，按 Del 键，删除多余面，如图 4-11 所示。

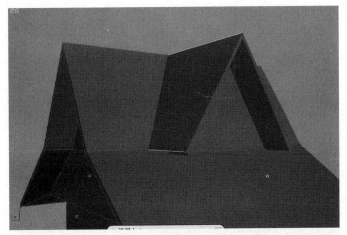

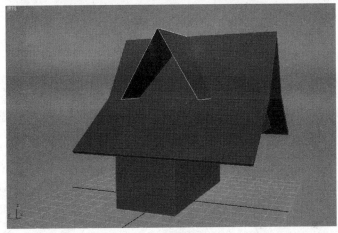

图 4-11　删除多余面

步骤 12：进入顶点子物体级别，选择工具栏中的【移动】工具，变换并调整点的位置，如图 4-12 所示。

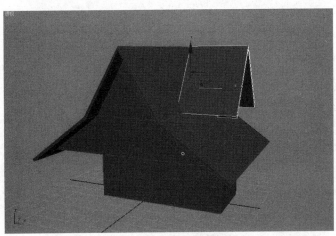

图 4-12　调整点的位置

步骤 13：选择步骤 9 复制的木屋顶，缩小并变换到适合的位置，结果如图 4-13 所示。

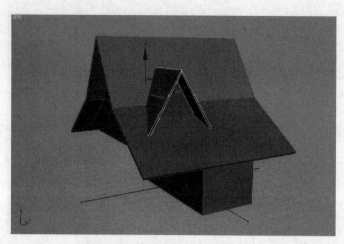

图 4-13　编辑并变换多边形位置

步骤 14：在创建面板中单击【长方体】按钮，在左视图中创建长方体并调整其位置，制作木屋的地面，如图 4-14 所示。

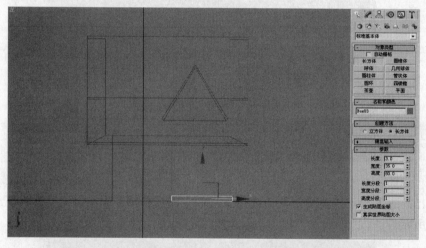

图 4-14　创建长方体

4.1.2 木屋装饰线模型的制作

步骤1：在创建面板中单击【矩形】按钮，在左视图中绘制如图4-15所示的样条曲线。

图4-15 创建样条线

步骤 2：右击新创建的线，在弹出的快捷菜单中执行【转换为】→【转换为可编辑样条线】命令，将长方形转换成可编辑样条线，并在【几何体】展卷栏中单击【附加】按钮，将创建的样条线附加为一个物体，如图4-16所示。

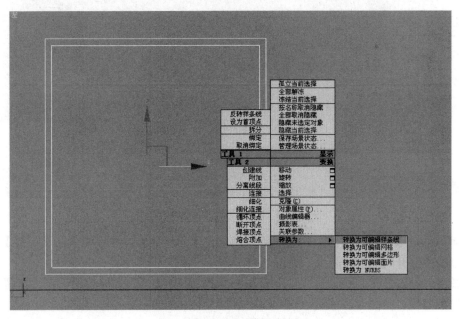

图4-16 附加可编辑样条线

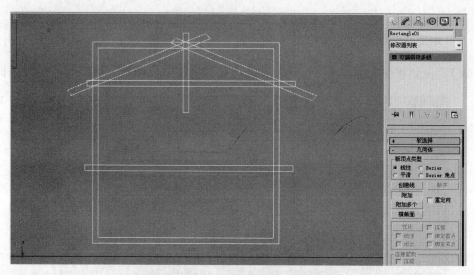

图 4-16　附加可编辑样条线（续图）

步骤 3：进入样条线子物体级别，在【几何体】展卷栏中单击【修剪】按钮，修剪编辑样条线的形状，结果如图 4-17 所示。

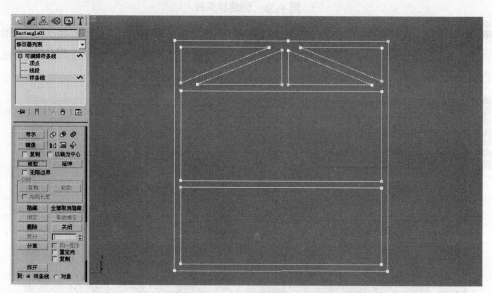

图 4-17　修剪样条线形状

步骤 4：进入顶点子物体级别选择所有点，在【几何体】展卷栏中单击【焊接】按钮，将修剪过程中分开的点焊接起来，如图 4-18 所示。

步骤 5：进入修改命令面板，打开修改器列表，选择【挤出】修改器，挤出步骤 4 编辑完成的样条曲线，如图 4-19 所示。

步骤 6：使用工具栏中的【移动】、【捕捉】和【缩放】工具，变换步骤 5 完成的门洞到如图 4-20 所示的位置。

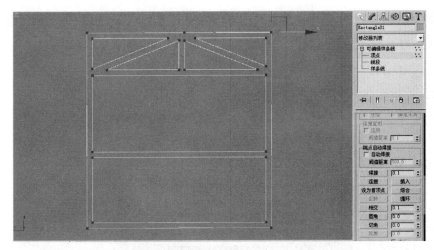

图 4-18　焊接点

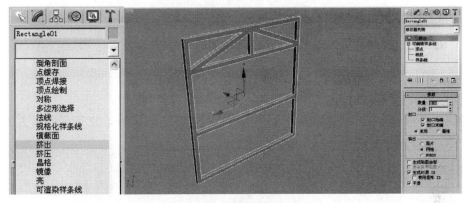

图 4-19　定制【挤出】修改器

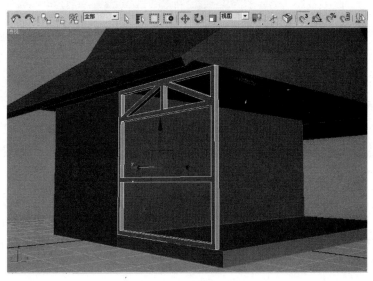

图 4-20　变换位置

步骤 7：选择工具栏中的【移动】工具，按住 Shift 键，沿 X 轴向右移动门洞到如图 4-21 所示的位置，得到另一侧的门洞。

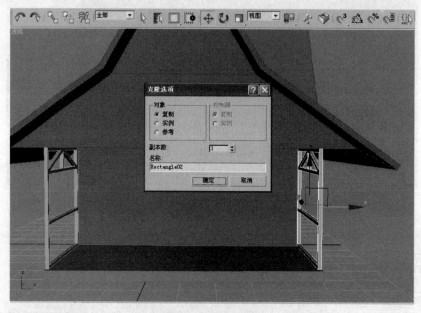

图 4-21　复制门洞

步骤 8：在创建面板中单击【矩形】按钮，在前视图绘制如图 4-22 所示的样条曲线。

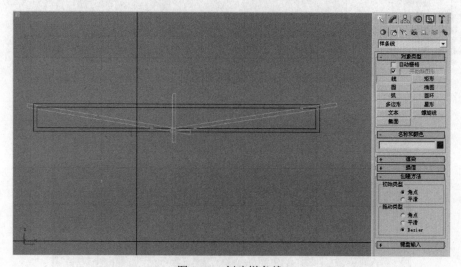

图 4-22　创建样条线

步骤 9：沿用上面步骤相同的方法，将样条线转换为可编辑多边形，并附加创建的样条线为一个物体，然后在样条线子物体级别下，使用【修剪】命令，编辑装饰条的形状，并【焊接】修剪过程中分开的点，最后使用【挤出】修改器挤出样条线，完成屋檐下门框装饰线的创建，如图 4-23 所示。

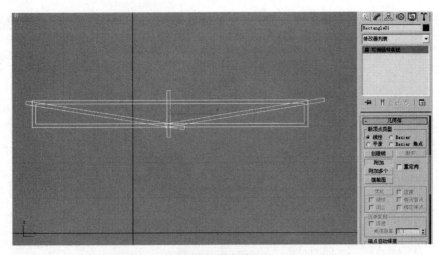

（a）附加样条线（1）

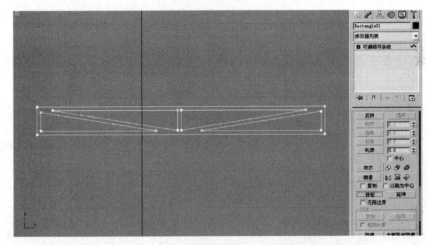

（b）修剪样条线（2）

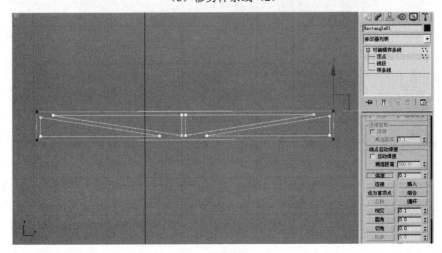

（c）焊接点（3）

图 4-23　门框装饰线的创建

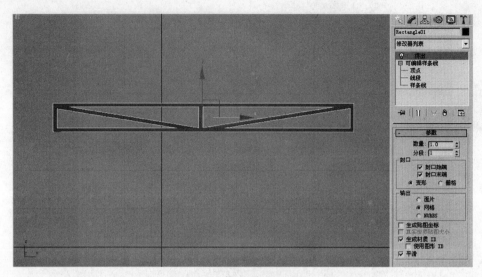

（d）挤出面（4）

图 4-23 门框装饰线的创建（续图）

步骤 10：选择工具栏中的【移动】、【捕捉】和【缩放】工具，变换门框装饰线的位置，如图 4-24 所示。

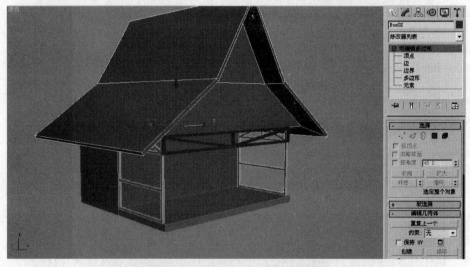

图 4-24 变换门框装饰线的位置

步骤 11：打开修改命令面板，在【编辑几何体】展卷栏中单击【附加】按钮，附加屋子所有元素为一个物体，如图 4-25 所示。

步骤 12：进入多边形子物体级别，选择屋子的底面和其他看不见的多余面，如图 4-26 所示，按 Del 键删除，完成屋子模型的基本造型的制作。

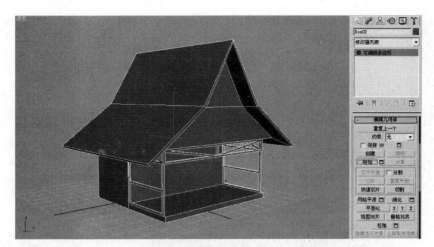

图 4-25　附加物体

图 4-26　删除多余面

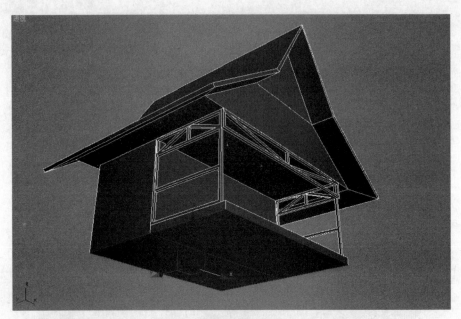

图 4-26　删除多余面（续图）

4.1.3　木屋屋顶 UV 贴图的展开

步骤 1：在视图中选择木屋模型，进入修改命令面板，选择【UVW 展开】修改器，如图 4-27 所示。

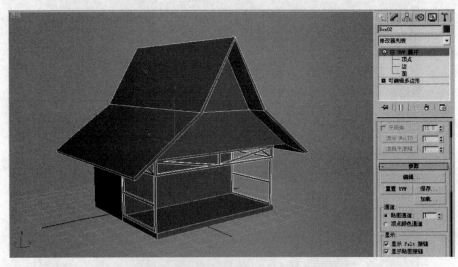

图 4-27　选择【UVW 展开】修改器

步骤 2：在【参数】展卷栏中单击【编辑】按钮，打开【编辑 UVW】窗口，展开木屋 UV，如图 4-28 所示。

步骤 3：进入面子对象层级，将所有 UV 贴图移出蓝色方框外，然后选择如图 4-29 所示的面，在【位图参数】展卷栏中单击【平面】和【对齐 X】按钮，展开 UV。

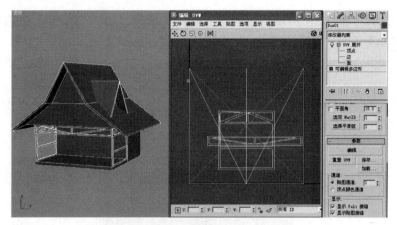

图 4-28 展开木屋 UV

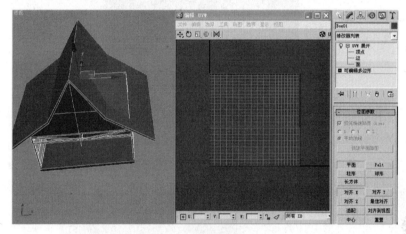

图 4-29 展开屋顶 UV

步骤 4：选择屋顶下方如图 4-30 所示的面，在【位图参数】展卷栏中单击【平面】和【对齐 X】按钮，展开 UV。

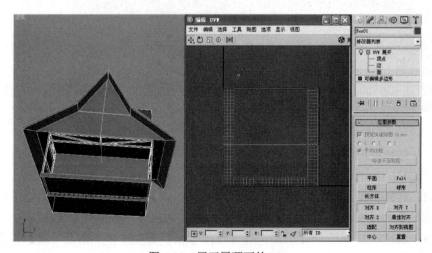

图 4-30 展开屋顶下的 UV

步骤 5：选择步骤 3、4 所展开的面，在【编辑 UVW】窗口的工具栏中选择【自由形式模式】和【移动】工具，缩小并变换 UV 的位置，如图 4-31 所示。

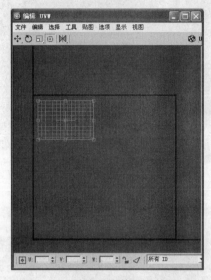

图 4-31　缩小并变换 UV 的位置

步骤 6：选择如图 4-32 所示的面，在【位图参数】展卷栏中单击【平面】和【对齐 Y】按钮，展开 UV。

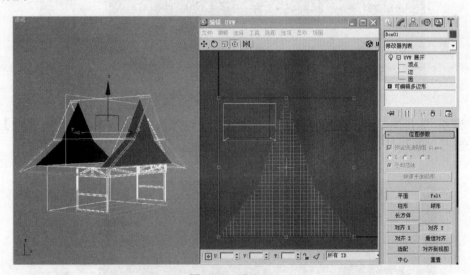

图 4-32　展开 UV

步骤 7：选择屋顶前后边沿如图 4-33 所示的面，在【位图参数】展卷栏中单击【平面】按钮，展开 UV。

步骤 8：选择步骤 6、7 展开的面，在【编辑 UVW】窗口的工具栏中选择【自由形式模式】的【缩放】和【移动】工具，缩小面并变换 UV 的位置，如图 4-34 所示。

步骤 9：选择如图 4-35 所示的面，在【位图参数】展卷栏中单击【平面】和【对齐 Y】按钮，展开 UV。

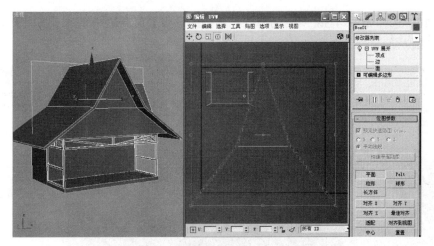

图 4-33　展开 UV

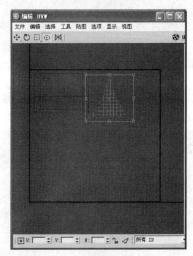

图 4-34　缩小面并变换 UV 位置

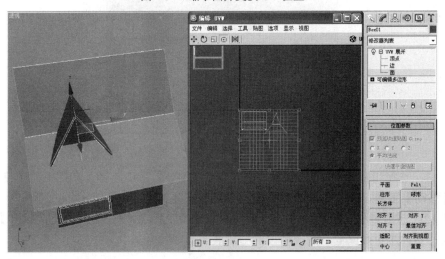

图 4-35　展开 UV

步骤 10：选择如图 4-36 所示的面，在【位图参数】展卷栏中单击【平面】按钮，展开 UV，并变换位置。

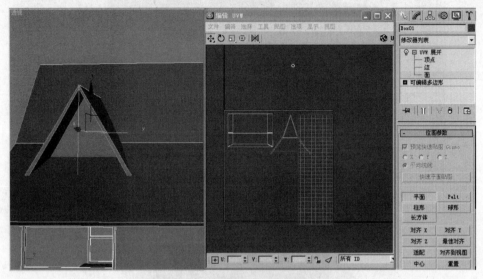

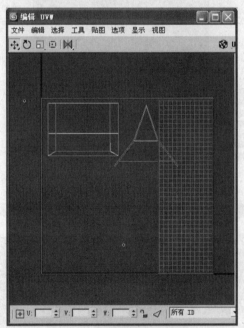

图 4-36　展开 UV 并变换位置

步骤 11：选择步骤 8、9 展开的面，在【编辑 UVW】窗口选择工具栏中的【自由形式模式】和【移动】工具，缩小并变换 UV 的位置，如图 4-37 所示。

步骤 12：选择如图 4-38 所示的面，在【位图参数】展卷栏中单击【平面】和【对齐 X】按钮，展开 UV 并变换位置，完成屋顶的 UV 展开。

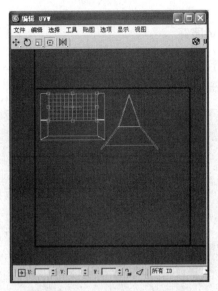

图 4-37　缩小并变换 UV 的位置

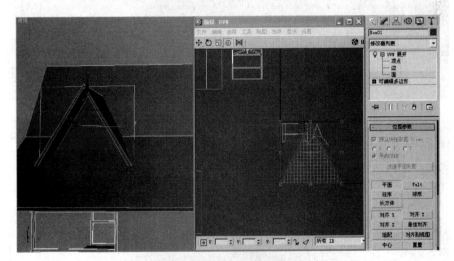

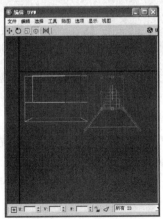

图 4-38　展开 UV 并变换位置

4.1.4 木屋装饰线的 UV 展开

步骤 1：选择门洞中平行于 X 轴的 4 个面，如图 4-39 所示，在【位图参数】展卷栏中单击【平面】和【对齐 X】按钮，展开 UV。

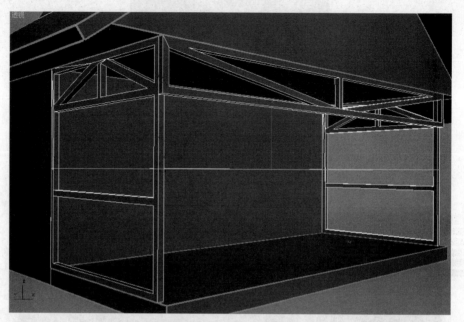

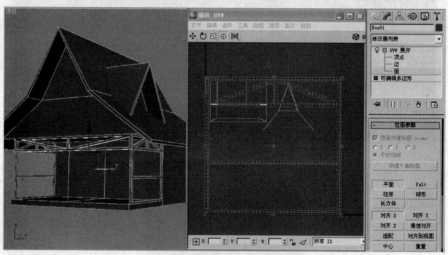

图 4-39 展开 UV

步骤 2：选择门洞中平行于 Y 轴的面，如图 4-40 所示，在【位图参数】展卷栏中单击【平面】和【对齐 Y】按钮，展开 UV。

步骤 3：选择门洞的其他面，如图 4-41 所示，在【位图参数】展卷栏中单击【平面】和【对齐 Y】按钮，展开 UV。

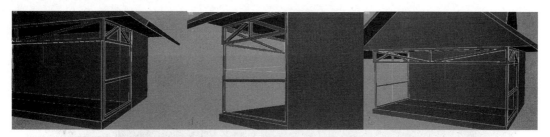

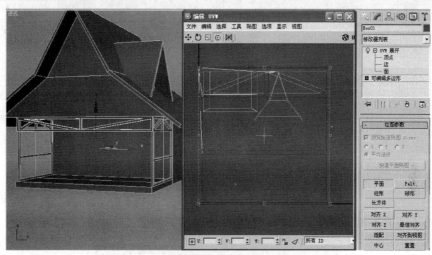

图 4-40　展开 UV

图 4-41　展开 UV

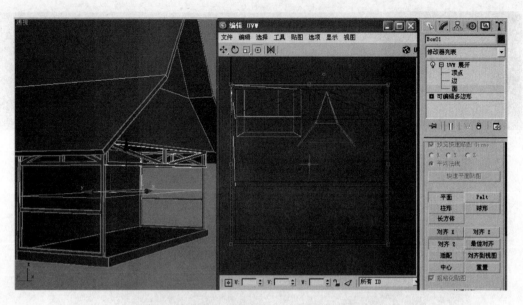

图 4-41　展开 UV（续图）

步骤 4：选择上面步骤展开的门洞 UV，在【编辑 UVW】窗口选择工具栏中的【自由形式模式】的【缩放】和【移动】工具，缩小并变换 UV 的位置，如图 4-42 所示。

图 4-42　缩小并变换 UV 的位置

步骤 5：选择屋檐下的装饰门框中平行于 Y 轴的两个面，如图 4-43 所示，在【位图参数】展卷栏中单击【平面】和【对齐 Y】按钮，展开 UV，并变换其位置。

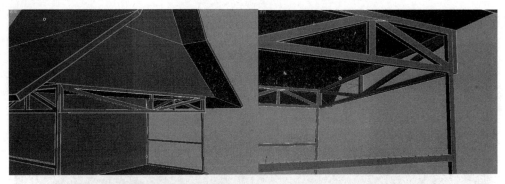

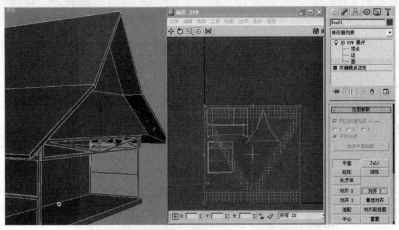

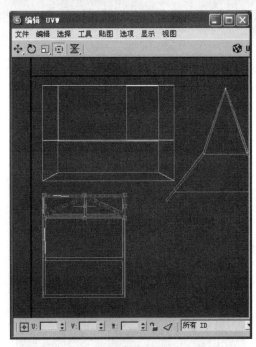

图 4-43　展开平行于 X 轴的 UV 并变换位置

步骤 6：选择装饰门框中平行于 Z 轴的面，如图 4-44 所示，在【位图参数】展卷栏中单击【平面】和【对齐 Z】按钮，展开 UV，并变换位置。

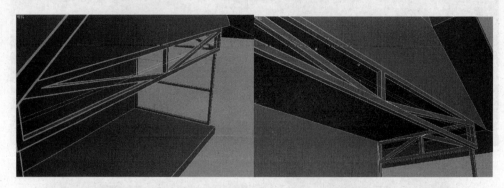

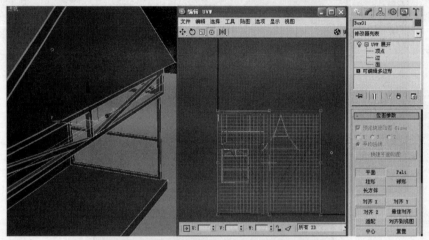

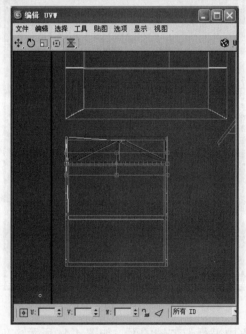

图 4-44　展开平行于 Z 轴的 UV 并变换位置

步骤 7：选择装饰门框中平行于 X 轴的面，如图 4-45 所示，在【位图参数】展卷栏中单击【平面】和【对齐 Y】按钮，展开 UV 并变换位置，完成门框装饰物的 UV 展开。

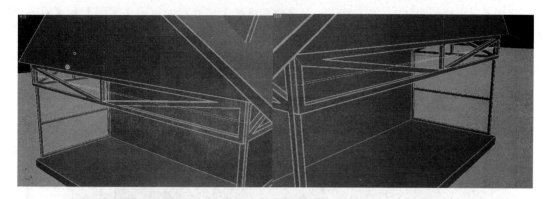

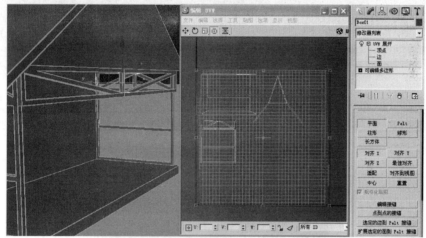

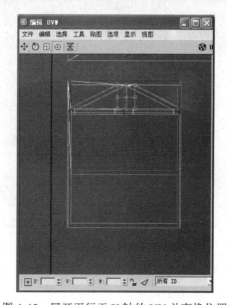

图 4-45　展开平行于 X 轴的 UV 并变换位置

4.1.5　木屋墙体和地面的 UV 展开

步骤 1：选择如图 4-46 所示的面，在【位图参数】展卷栏中单击【平面】和【对齐 Y】按钮，展开 UV 并变换位置。

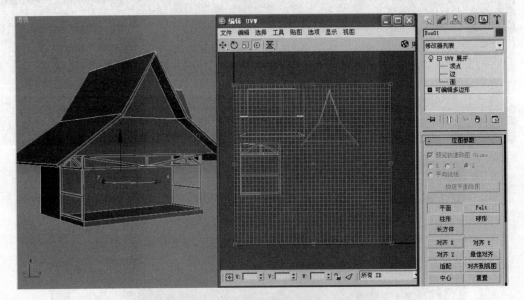

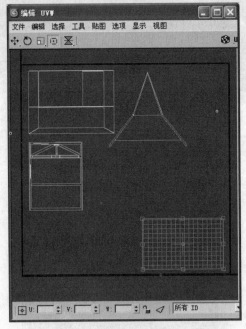

图 4-46　展开面的 UV 并变换位置

步骤 2：选择两侧的墙面，在【位图参数】展卷栏中单击【平面】和【对齐 X】按钮，展开 UV 并变换位置，如图 4-47 所示。

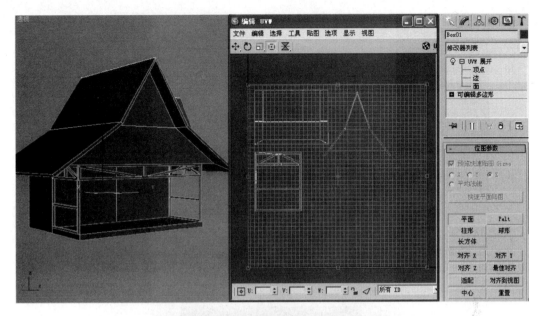

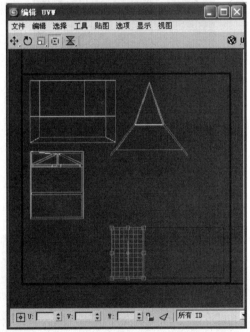

图 4-47　展开两侧墙面的 UV 并变换位置

　　步骤 3：选择屋子后侧的墙面，在【位图参数】展卷栏中单击【平面】和【对齐 Y】按钮，展开 UV 并变换位置，如图 4-48 所示。

　　步骤 4：选择如图 4-49 所示的面，展开 UV，缩小并变换位置。

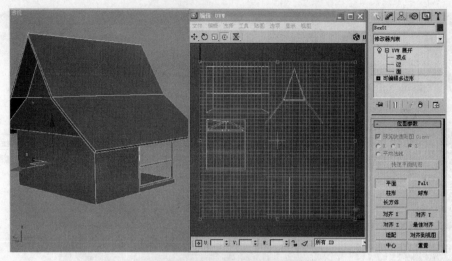

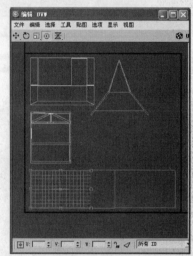

图 4-48　展开屋子后侧的墙面 UV 并变换位置

图 4-49　展开 UV 缩小并变换位置

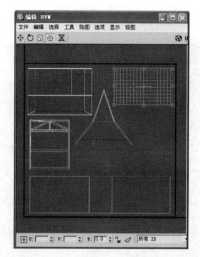

图 4-49　展开 UV 缩小并变换位置（续图）

步骤 5：在视图中选择地板，展开 UV 并变换位置，如图 4-50 所示。

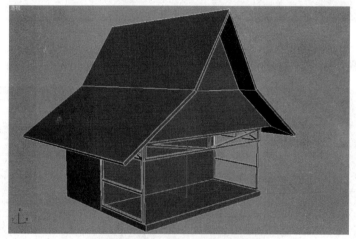

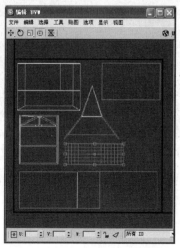

图 4-50　展开地板 UV 并变换位置

步骤 6：在视图中选择地板前侧面，展开 UV 并变换位置，如图 4-51 所示。

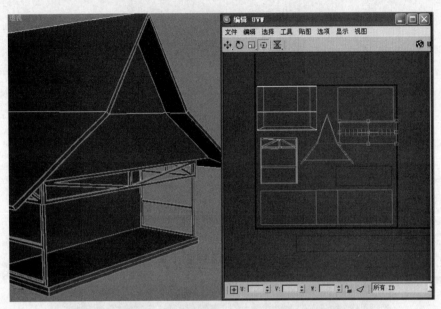

图 4-51　展开地板前侧面 UV 并变换位置

步骤 7：在视图中选择地板两侧，展开 UV 并变换位置，如图 4-52 所示。

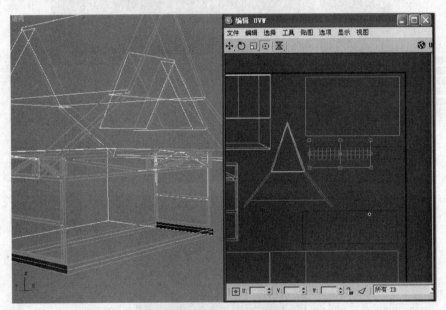

图 4-52　展开地板两侧 UV 并变换位置

步骤 8：在【编辑 UVW】窗口中调整 UV 分布，结果如图 4-53 所示。

步骤 9：在【编辑 UVW】窗口中，执行菜单中【工具】→【渲染 UVW 模板】命令，在弹出的【渲染 UVs】对话框中，单击【渲染 UV 模板】按钮，并将文件保存为"屋子.tga"格式文件，如图 4-54 所示。

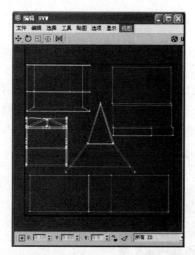

图 4-53　调整 UV 分布

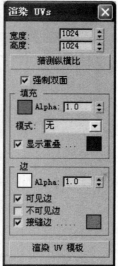

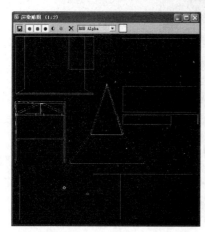

图 4-54　渲染 UV 并保存

4.2 木屋贴图的绘制

步骤 1：在 Photoshop 中打开保存的"屋子.tga"文件，并创建新图层。在新图层中，选择【多边形套索】工具，分别选择如图 4-55 所示的选区，并填充屋子的基本颜色为"R=208，G=170，B=108"，屋顶的基本颜色为"R=47，G=86，B=105"。

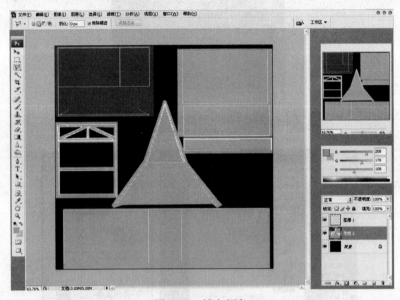

图 4-55 填充颜色

步骤 2：在菜单中执行【滤镜】→【艺术效果】→【涂抹棒】命令，打开对话框，设置如图 4-56 所示的效果，为屋子贴图添加艺术效果。

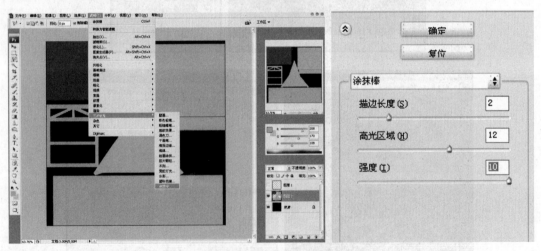

图 4-56 添加涂抹棒效果

图 4-56　添加涂抹棒效果（续图）

步骤 3：选择工具栏中的【加深】工具和【减淡】工具，绘制木屋的木材质效果，如图 4-57 所示。

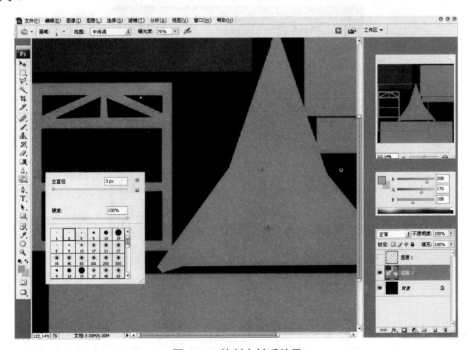

图 4-57　绘制木材质效果

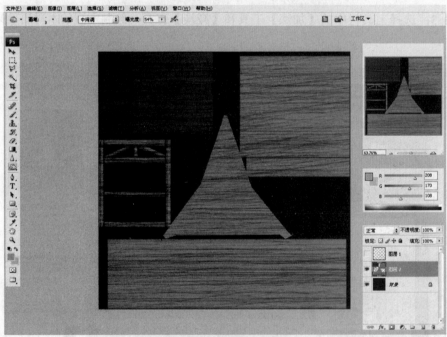

图 4-57　绘制木材质效果（续图）

步骤 4：选择工具栏中的【多边形套索】工具，配合 Shift 键，选择屋顶及两侧外框木架构区域，填充颜色为"R=74，G=47，B=3"，如图 4-58 所示，并配合【加深】工具和【减淡】工具，绘制木质效果。

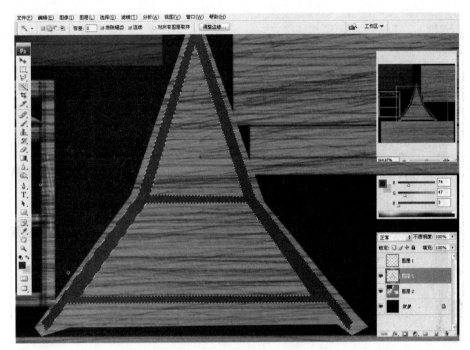

图 4-58　绘制外框木架构

步骤 5：按照步骤 4 的方法，绘制屋顶两侧内框木架构，如图 4-59 所示。

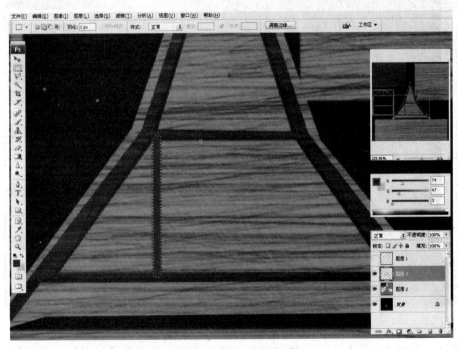

图 4-59　绘制内框木架构

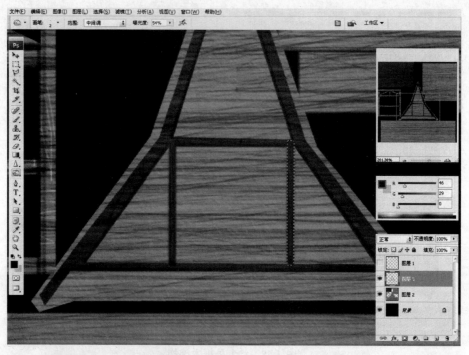

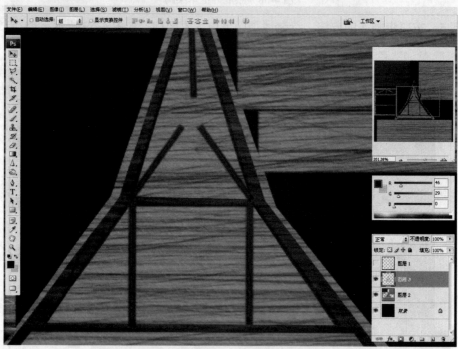

图 4-59 绘制内框木架构（续图）

步骤 6：选择【画笔】工具，绘制屋顶两侧的窗口，并配合【加深】工具制作绘制投影效果和木质效果，如图 4-60 所示。

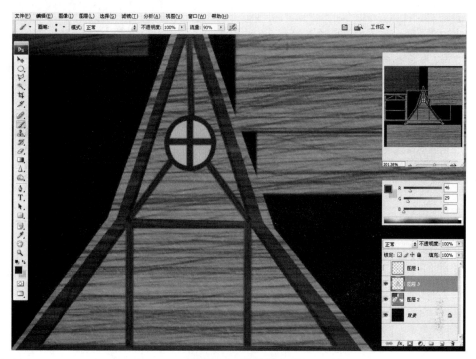

图 4-60 绘制窗口

步骤 7：选择工具栏中的【矩形选框】工具，选择屋子墙面的深色木纹区域，填充颜色，如图 4-61 所示。

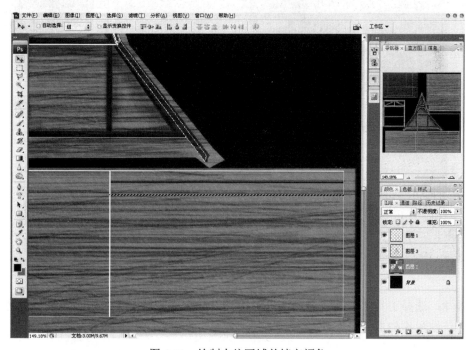

图 4-61 绘制木纹区域并填充颜色

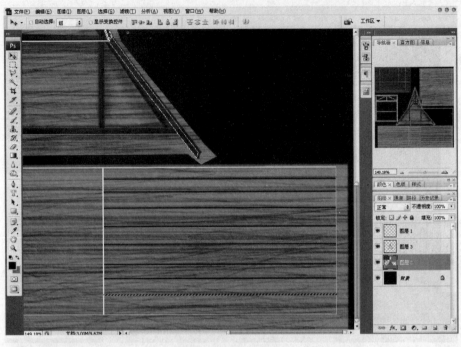

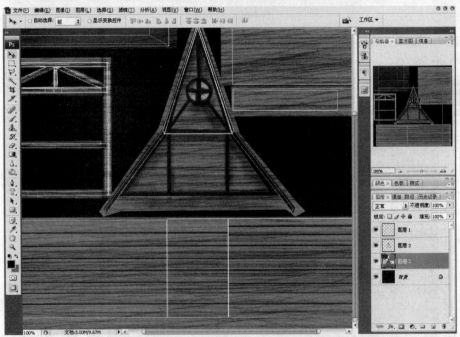

图 4-61　绘制木纹区域并填充颜色（续图）

　　步骤 8：选择工具栏中的【矩形选框】工具，配合【减淡】工具，绘制墙面深色木纹的投影效果，如图 4-62 所示。

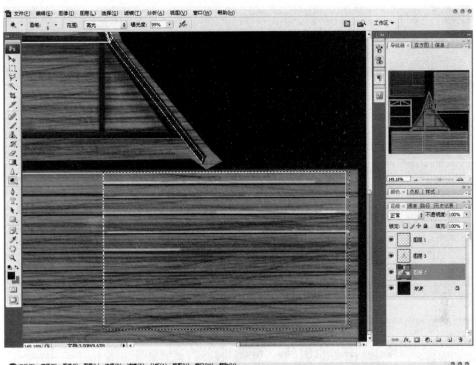

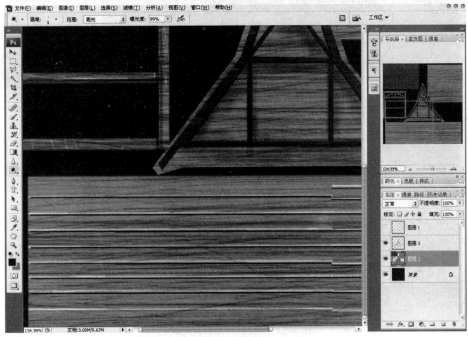

图 4-62　绘制墙面木纹的投影效果（2）

步骤 9：选择工具栏中的【矩形选框】工具，选择屋子的牌匾摆放区域，然后创建新图层，填充所选择区域颜色为"R=204，G=157，B=89"，如图 4-63 所示。

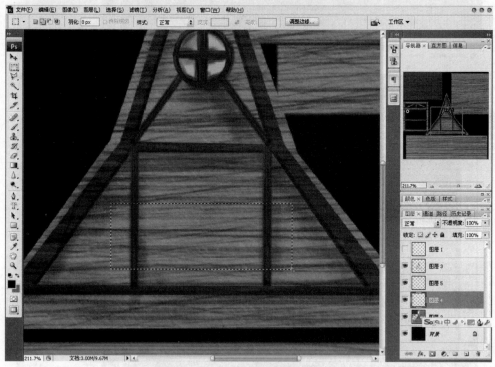

图 4-63　选择区域并填充颜色

步骤 10：选择工具栏中的【画笔】工具，绘制牌匾的木边框，如图 4-64 所示。

步骤 11：选择工具栏中的【加深】工具，为牌匾制作木纹效果，如图 4-65 所示。

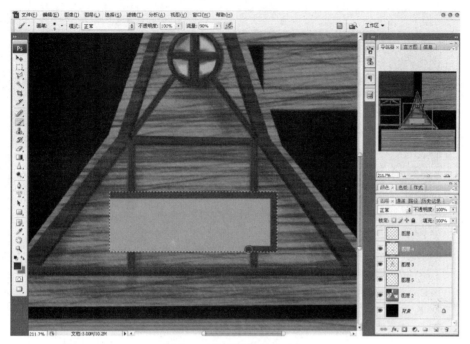

图 4-64　绘制牌匾的木边框

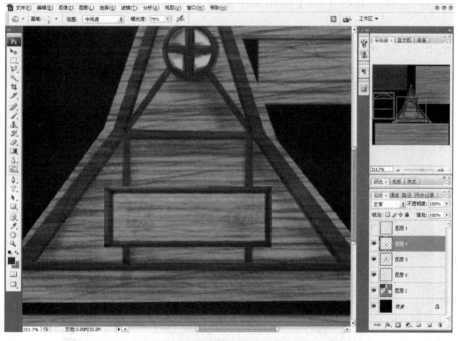

图 4-65　制作牌匾的木纹效果

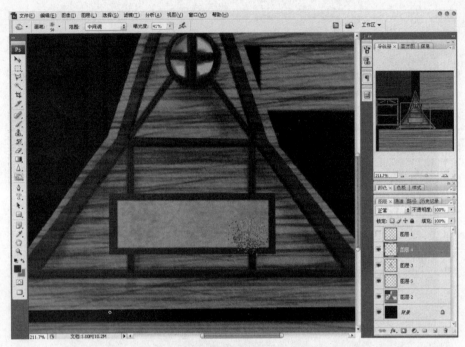

图 4-65　制作牌匾的木纹效果（续图）

步骤 12：选择工具栏中的【横排文字蒙版】工具，输入 Dining Room，如图 4-66 所示。

图 4-66　输入文字

步骤 13：在菜单中执行【选择】→【变换选区】命令，变换文字到适合的位置，并填充文字的颜色，如图 4-67 所示。

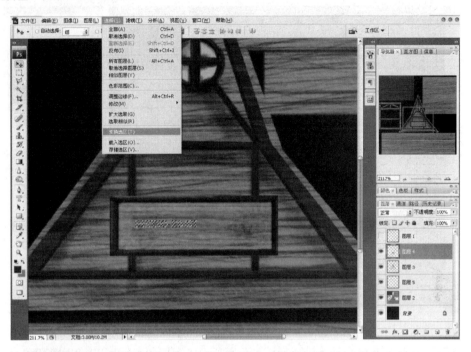

图 4-67 变换文字并填充颜色

步骤 14：选择工具栏中的【矩形选框】工具，选择门区域，然后创建新图层，填充所选择区域颜色为"R=204，G=157，B=89"，如图 4-68 所示。

图 4-68　选择门并填充颜色

步骤 15：选择工具栏中的【矩形选框】工具，配合【加深】工具，绘制门边框，如图 4-69 所示。

图 4-69　绘制门边框

步骤 16：选择工具栏中的【矩形选框】工具，选择门的窗口区域，并填充颜色为"R=195，

G=209，B=210"，然后配合【减淡】工具，制作窗玻璃的反射效果，如图4-70所示。

图4-70 选择区域并填充颜色

步骤17：选择工具栏的【矩形选框】工具，选择黑板区域，并填充颜色为"R=86，G=96，B=100"，如图4-71所示。

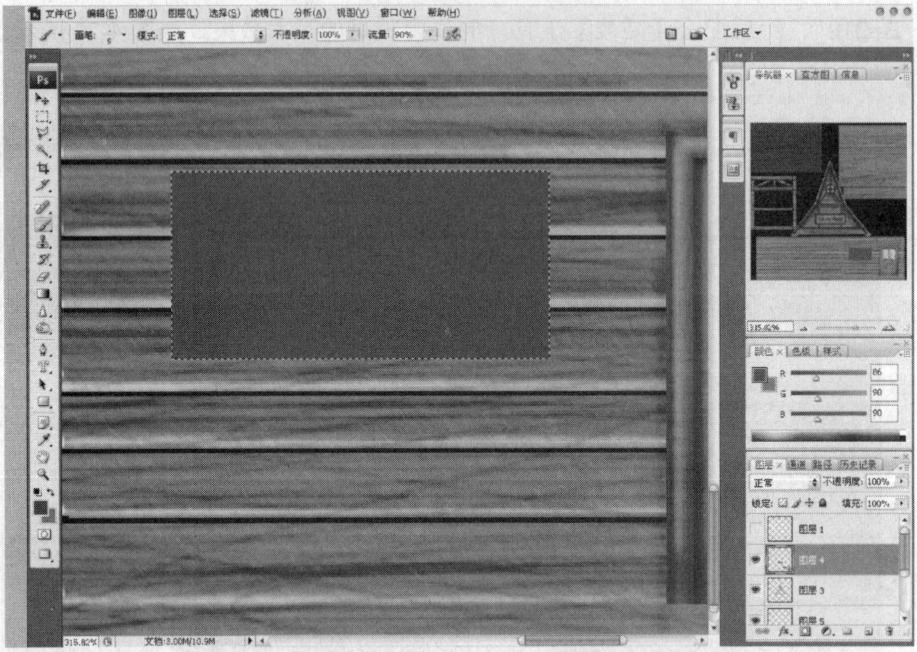

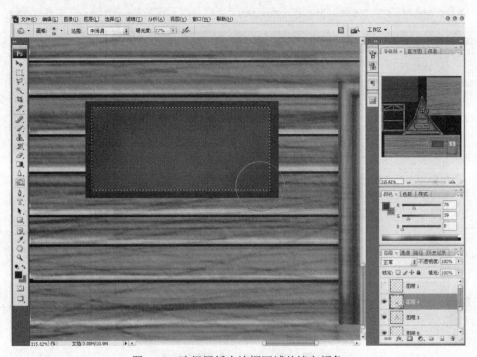

图 4-71　选择黑板区域并填充颜色

步骤 18：选择工具栏中的【矩形选框】工具，选择黑板木边框区域，填充颜色，并配合【加深】工具，制作黑板的折射效果，如图 4-72 所示。

图 4-72　选择黑板木边框区域并填充颜色

步骤 19：选择工具栏中的【横排文字蒙版】工具，输入黑板文字，然后在菜单中执行【选择】→【变换选区】命令，变换文字到适合的位置，并填充文字的颜色为白色，如图 4-73 所示。

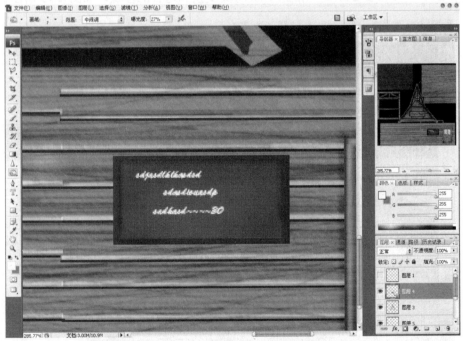

图 4-73 　输入并设置文字位置及颜色

步骤 20：选择工具栏中的【矩形选框】工具，选择窗的区域，创建新图层，填充颜色为 "R=195，G=209，B=210"，并使用【画笔】工具绘制窗框，并配合【减淡】工具制作窗玻璃的反射效果，如图 4-74 所示。

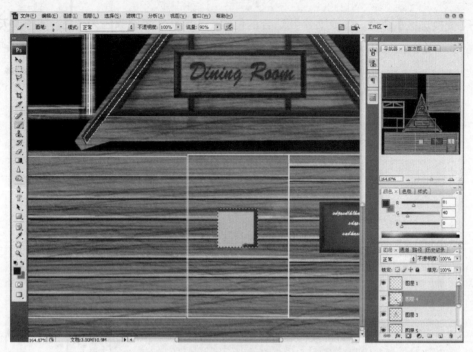

图 4-74   绘制窗框

步骤 21：复制步骤 20 所绘制的窗，并将其变换到适合的位置，如图 4-75 所示。

图 4-75   复制窗框

步骤 22：选择工具栏中的【加深】工具，为木质墙、门、窗和黑板的周边绘制投影效果，如图 4-76 所示。

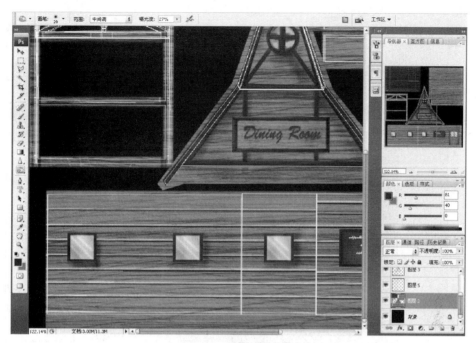

图 4-76　绘制投影效果

步骤 23：选择工具栏中的【矩形选框】工具，选择如图 4-77 所示的区域。

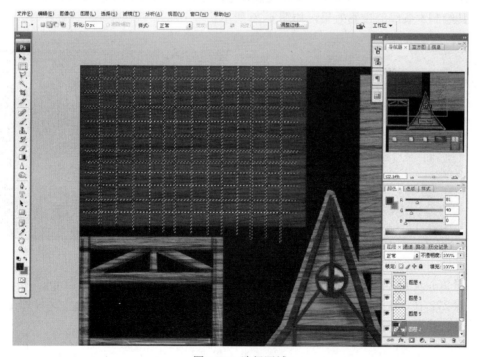

图 4-77　选择区域

步骤 24：选择工具栏中的【加深】工具，为步骤 23 选择的区域绘制木条纹效果，如图 4-78 所示。

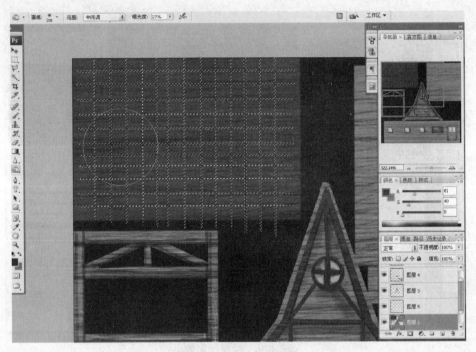

图 4-78　绘制木纹效果

步骤 25：在菜单中执行【选择】→【反向】命令，反选步骤 23 所选择的区域，使用【减淡】工具绘制木条纹的投影效果，如图 4-79 所示。

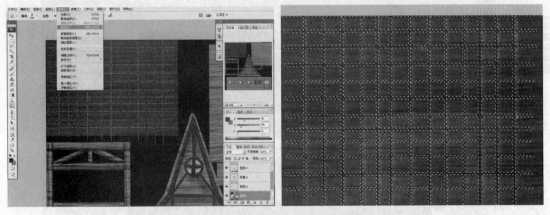

图 4-79　绘制木条纹的投影效果

步骤 26：完成木屋贴图的绘制，如图 4-80 所示，并保存为"木屋贴图.jpg"格式文件。

步骤 27：在 3ds max 中打开【材质编辑器】窗口，指定"木屋贴图.jpg"文件到【漫反射】贴图通道，并指定材质给木屋模型，如图 4-81 所示。

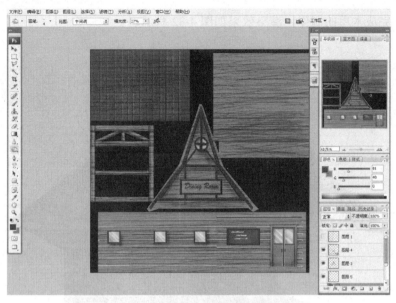

图 4-80 完成木屋贴图的绘制

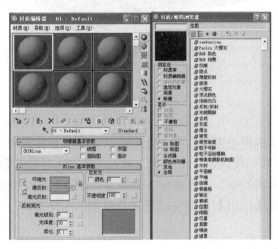

图 4-81 指定材质到模型

步骤 28：完成木屋的制作，渲染效果如图 4-82 所示。

图 4-82　木屋渲染效果

本章小结

　　本章详尽讲述了木屋的模型制作和贴图绘制方法。在具体制作过程中，木屋的制作主要分为模型制作、UV 展开和贴图绘制 3 个步骤，要求能够对木屋进行合理的布线和 UV 展开，并手绘完成贴图。通过本章的学习，要求学生熟练掌握游戏场景制作的整个流程，并复习了使用编辑样条曲线，通过【挤出】命令生成较复杂模型的制作方法，同时，也学会了木材质的手绘方法。

习题

　　1．【编辑样条线】修改器的子层级分为哪 3 个部分？

　　2．用【角度捕捉】工具配合旋转物体时默认的角度是多少？

　　3．在多边形子物体级别下，编辑修改多边形模型时，在【分离】对话框中勾选哪个选项可以使分离复制的面为一个新的物体，而使原始物体保持不变？

　　4．在不改变模型的前提下，重新绘制一张其他材质的贴图。

　　5．尝试制作古建筑民居模型并绘制贴图。

第 5 章　简单动画场景的制作

本章重点

✖ 动画场景——下雪的制作
✖ 动画场景——烟花绽放的制作

本章难点

✖ 使用粒子系统制作动画
✖ 使用视频合成器（Video Post）制作特效并渲染动画

学习目标

✖ 学会使用粒子系统制作动画
✖ 学会设置粒子的材质
✖ 学会使用视频合成器制作动画特效
✖ 学会动画场景的输出

5.1 动画场景——下雪的制作

步骤 1：在 3ds max 中为场景环境添加一张图片，执行菜单中【渲染】→【环境】命令，打开【环境和效果】窗口，在【公用参数】展卷栏中单击【环境贴图】下方的按钮，打开【材质/贴图浏览器】对话框，双击鼠标左键选择【位图】命令，为场景选择一张背景图，如图 5-1 所示。

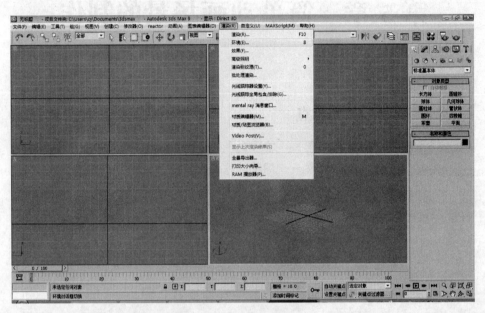

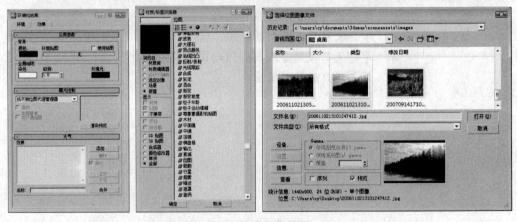

图 5-1 选择背景图

步骤 2：执行菜单中的【视图】→【视口背景】命令，打开【视口背景】对话框，勾选【显示背景】和【使用环境背景】复选框，然后单击【确定】按钮，在透视图上显示环境图片，如图 5-2 所示。

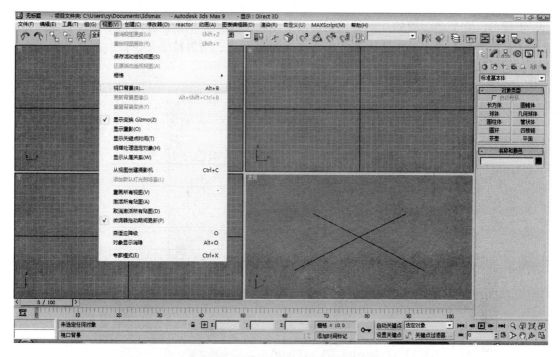

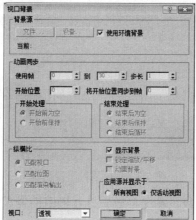

图 5-2　显示环境图

步骤 3：在创建面板的几何体类别层级下，在下拉列表框中选择【粒子系统】面板，然后在【对象类型】栏中单击【雪】按钮，在视图中创建一个雪粒子发射器，并变换到适合的位置，如图 5-3 所示。

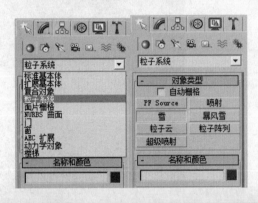

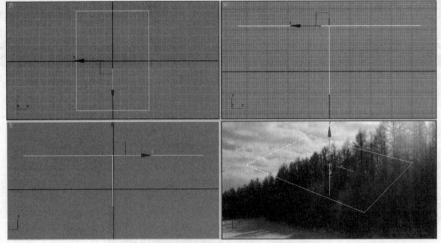

图 5-3　创建雪粒子发射器

步骤 4：进入修改命令面板，在【参数】展卷栏中设置雪粒子的具体参数，并通过拖动时间滑块观察下雪的动画效果，如图 5-4 所示。

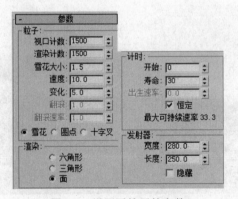

图 5-4　设置雪粒子的参数

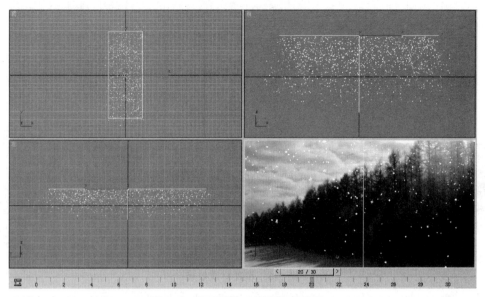

图 5-4　设置雪粒子的参数（续图）

步骤 5：打开【材质编辑器】窗口，指定【漫反射】的颜色为白色，并勾选【自发光】框中的【颜色】复选框，将颜色设置为白色，如图 5-5 所示。

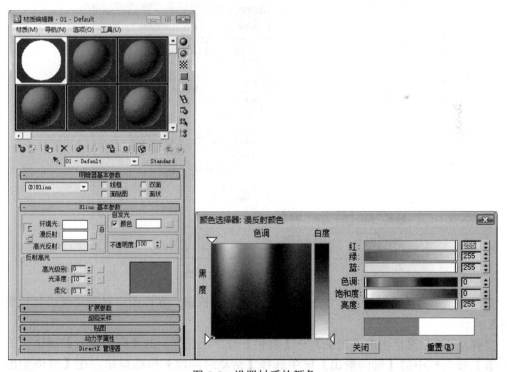

图 5-5　设置材质的颜色

步骤 6：单击【不透明度】右侧的【设置】按钮，双击鼠标左键选择【渐变坡度】命令，然后在【渐变类型】下拉列表框中选择"径向"类型，得到雪的材质效果，然后指定材质给雪粒子发射器，如图 5-6 所示。

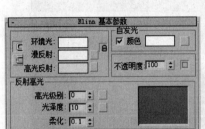

图 5-6 设置材质效果

步骤 7：在【动画播放控制】界面中单击【时间配置】按钮，在弹出的【时间配置】对话框中输入【长度】为 30，【速度】选择 1/4x 单选按钮，单击【确定】按钮，设置动画播放速度和长度，如图 5-7 所示。

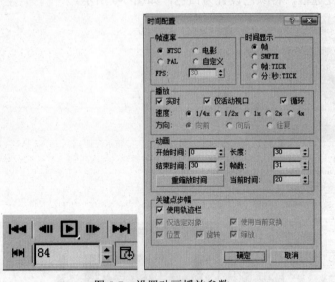

图 5-7 设置动画播放参数

步骤 8：单击【动画播放控制】界面的【播放】按钮，在视图中对雪动画进行预览，如图 5-8 所示。

步骤 9：执行菜单中的【渲染】→【渲染】命令，在弹出的【渲染场景】对话框的【公用参数】展卷栏中的【时间输出】框中选择【活动时间段】单选按钮，在【渲染输出】框中单击【文件】按钮，将动画保存为"下雪.avi"格式文件，完成渲染参数的设置，最后单击【渲染场景】对话框右下角的【渲染】按钮，渲染动画场景并完成动画场景的制作，如图 5-9 所示。

图 5-8　播放动画场景

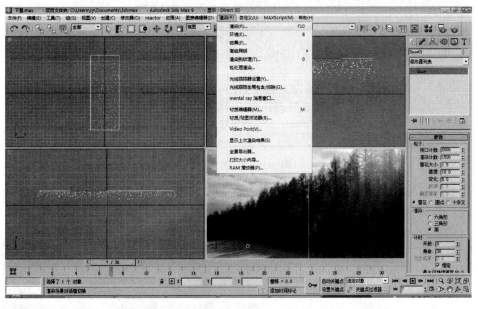

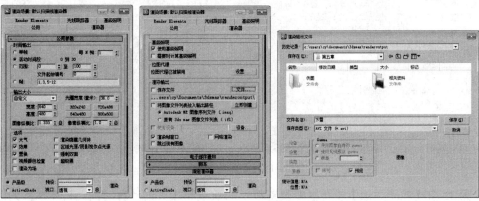

图 5-9　渲染并保存文件

5.2 动画场景——烟花绽放的制作

步骤 1：在创建面板的几何体类别层级下，在下拉列表框中选择【粒子系统】面板，然后在【对象类型】栏中单击【超级喷射】按钮，在视图中创建一个超级喷射的发射器，如图 5-10 所示。

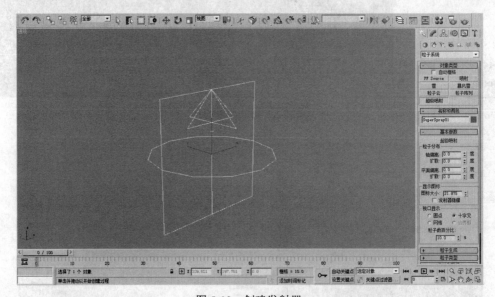

图 5-10　创建发射器

步骤 2：进入修改命令面板，在【基本参数】展卷栏中设置粒子的分布扩散角度和粒子束百分比，具体参数如图 5-11 所示，并通过拖动时间滑块观察效果。

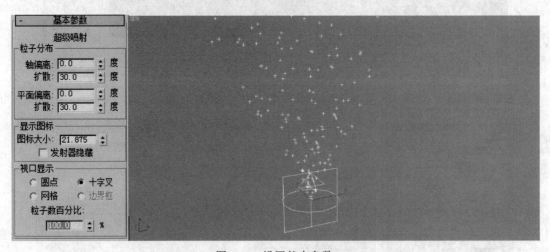

图 5-11　设置基本参数

步骤 3：在【粒子生成】展卷栏中设置粒子的数量和相关的计算时间，具体参数如图 5-12 所示，并通过拖动时间滑块观察效果。

图 5-12   设置数量和计算时间

步骤 4：在【粒子生成】展卷栏中设置【标准粒子】为【立方体】，如图 5-13 所示，并通过渲染观察效果。

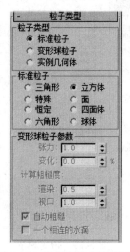

图 5-13   设置标准粒子类型

步骤 5：在【粒子繁殖】展卷栏中设置粒子繁殖效果的方式和相关数据，具体参数如图 5-14 所示，并通过拖动时间滑块观察绽放效果，完成动画过程的制作。

步骤 6：打开【材质编辑器】窗口，打开【漫反射】的贴图通道，选择【粒子年龄】，为烟花的绽放设置绿色、黄色和红色的颜色变化过程，并将材质指定给烟花发射器，如图 5-15 所示。

步骤 7：通过拖动时间滑块，渲染不同时间段的烟花绽放图片，检查不同时间段颜色效果，如图 5-16 所示。

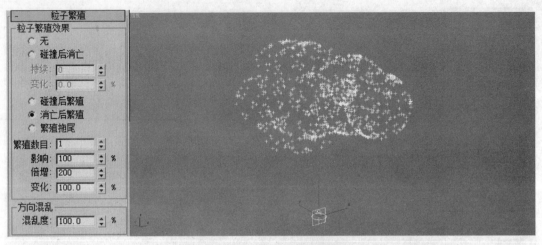

图 5-14　设置粒子繁殖参数

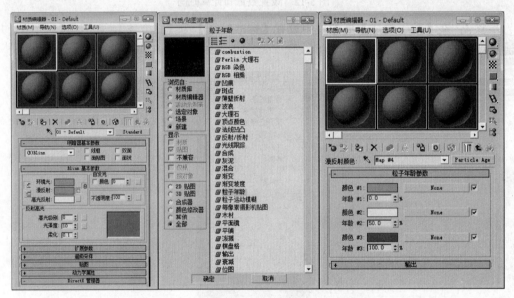

图 5-15　指定材质

图 5-16　渲染烟花绽放过程

步骤 8：右击发射器，在弹出的快捷菜单中选择【对象属性】命令，打开【对象属性】对话框，在【渲染控制】区域设置【G 缓冲区】的【对象 ID】为 1，并在【运动模糊】区域设置如图 5-17 所示的参数。

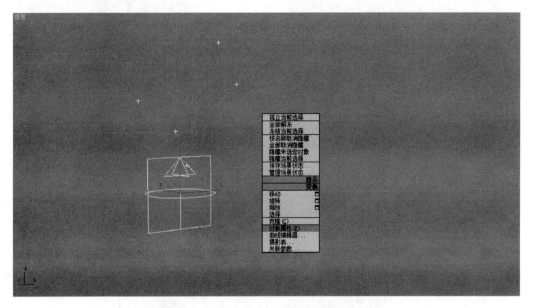

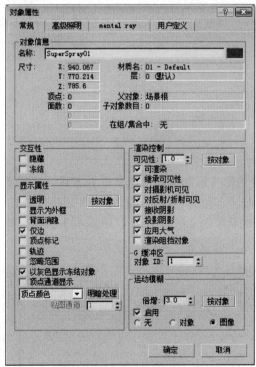

图 5-17　设置对象 ID

　　步骤 9：执行菜单中的【渲染】→Video Post 命令，打开 Video Post 窗口，然后选择工具栏上的【添加场景事件】工具，打开【添加场景事件】对话框，单击【确定】按钮添加场景事件，如图 5-18 所示。

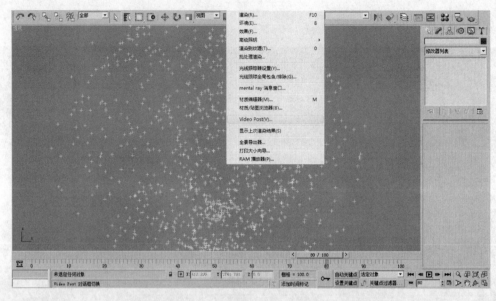

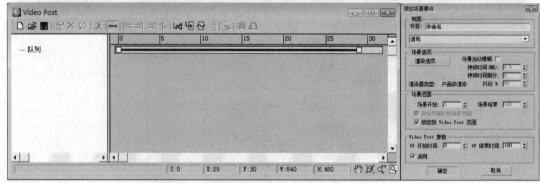

图 5-18　添加场景事件

步骤 10：选择工具栏上的【添加图像过滤事件】工具，打开【添加图像过滤事件】对话框，在【过滤器插件】区域的下拉列表框中选择【镜头效果光晕】，并单击【设置】按钮进入【镜头效果光晕】窗口，然后单击【预览】和【VP 队列】按钮，检查烟花绽放效果，最后单击【确定】按钮完成光晕效果的设置，如图 5-19 所示。

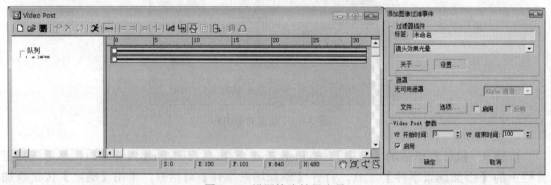

图 5-19　设置镜头效果光晕

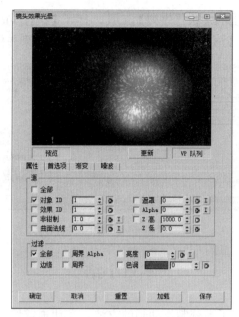

图 5-19　设置镜头效果光晕（续图）

步骤 11：单击工具栏上的【添加图像输出事件】工具，打开【添加图像输出事件】对话框，单击【文件】按钮，然后将文件保存为"烟花.avi"，如图 5-20 所示。

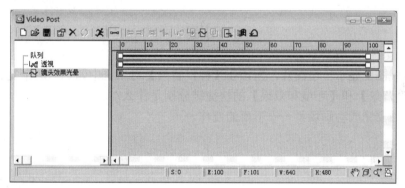

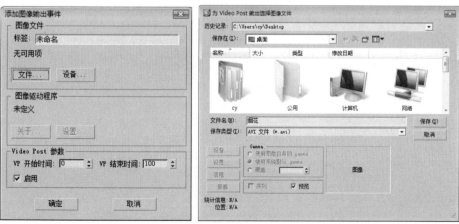

图 5-20　保存文件

步骤 12：单击工具栏上的【执行序列】工具，打开【执行 Video Post】对话框，从中设置【输出大小】，然后单击【渲染】按钮，对动画场景进行渲染并保存，如图 5-21 所示。

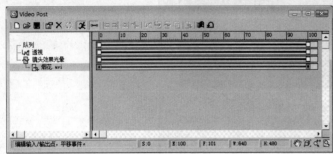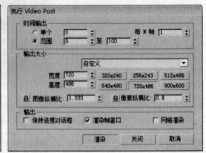

图 5-21　渲染动画

本章小结

本章详尽讲述了使用粒子系统制作动画的方法。在动画场景的具体制作过程中，要求能够根据动画的要求，使用不同的粒子系统创建方法完成场景制作。通过本章的学习，要求学生熟练使用粒子系统制作动画场景，掌握粒子材质的设置方法，并且能够使用视频合成器制作动画特效和输出。

习题

1．在透视图上显示环境图片，应该在【视口背景】对话框中勾选哪两个复选框？

2．【视口背景】和【环境和效果】的快捷键分别是什么？

3．尝试独立完成动画场景——下雨的制作。

www.waterpub.com.cn

出版精品教材 ● 服务高校师生

以普通高等教育"十一五"国家级规划教材为龙头带动精品教材建设

普通高等院校"十一五"国家级规划教材

21世纪高职高专创新精品规划教材

21世纪高职高专规划教材

21世纪高职高专新概念规划教材

21世纪中等职业教育规划教材

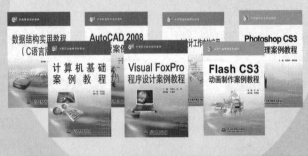

21世纪高职高专教学做一体化规划教材

软件职业技术学院"十一五"规划教材

21世纪高职高专案例教程系列